烟草废弃物综合利用

Comprehensive utilization of tobacco waste

许春平 著

中国轻工业出版社

图书在版编目（CIP）数据

烟草废弃物综合利用/许春平著. —北京：中国轻工业出版社，2017.11
　ISBN 978-7-5184-1576-2

Ⅰ.①烟…　Ⅱ.①许…　Ⅲ.①烟草工业—废物综合利用　Ⅳ.①X795

中国版本图书馆CIP数据核字（2017）第206546号

责任编辑：张　靓　　责任终审：劳国强　　封面设计：锋尚设计
版式设计：砚祥志远　　责任校对：吴大鹏　　责任监印：张　可

出版发行：中国轻工业出版社（北京东长安街6号，邮编：100740）
印　　刷：三河市万龙印装有限公司
经　　销：各地新华书店
版　　次：2017年11月第1版第1次印刷
开　　本：720×1000　1/16　印张：8
字　　数：160千字
书　　号：ISBN 978-7-5184-1576-2　　定价：42.00元

邮购电话：010-65241695
发行电话：010-85119835　传真：85113293
网　　址：http://www.chlip.com.cn
Email：club@chlip.com.cn
如发现图书残缺请与我社邮购联系调换
170608K1X101ZBW

前言
PREFACE

在烟草的种植、加工和生产的过程中，不可避免地有大量的低次烟叶产生，这些低次烟叶约占烟叶总产量的25%。这些低次烟叶大多被作为废物丢弃，造成大量的资源浪费，同时也污染了环境。国外从20世纪60年代开始重视烟草废弃物的再利用问题，而国内直到20世纪90年代才对这一领域的研究给予较多关注。烟叶中含有大量的蛋白质、多糖及香味成分，都具有一定的可利用价值。烟叶蛋白作为一种优质的植物蛋白可以作为动物饲料、食物蛋白使用；其酶解产生多肽则具有多种生物活性。而烟叶多糖本身就具有一定的生物活性，可以进行开发利用。烟叶浸膏中具有烟叶本身的香气成分以及潜香物质，加以处理则可用作香料。因此，低次烟叶资源综合利用的深入研究以及一系列高附加值产品的开发，对于降低生产成本，提高经济效益，强化烟草企业的国际竞争力，意义重大。

研究者对大田产生废弃烟叶、烟秆等加以处理，尽量多的从中提取出有用成分，并对这些成分进行分析，以便更好地加以应用，从而达到废物利用、保护环境、节约资源的目的。本书对烟草废弃物中活性成分的提取及利用、烟草废弃物香气成分的提取及利用以及废弃烟叶的提质与利用三方面的研究情况做了详细的介绍，得出从烟草废弃物的叶片和烟秆等材料中，使用不同的提取方法，总结出提取蛋白质、多糖和浸膏等产品的最佳工艺，并分析不同类型废弃物蛋白质、多糖、浸膏的组成及应用。

本书编写过程中，郑州轻工业学院毛多斌副校长对编写提出了许多宝贵意见，我的同事贾学伟博士和李天笑博士，研究生曾颖、肖源、王充、王铮、李萌姗等人在实验和写作方面做了很多协助工作，在此表示感谢。

本书得到了食品生产与安全河南省协调创新中心的出版基金资助，特此感谢。

低次烟叶的应用广泛，本书仅对本实验室相关研究进行了介绍。由于编者的知识水平有限，书中错误之处在所难免，恳请广大读者批评指正。

编者
2017.10

目录
CONTENTS

第 1 部分
烟草废弃物中活性成分的提取及利用

1 打顶废弃烟叶多糖的提取、结构表征及应用 / 3
    1.1 打顶废弃烟叶多糖的提取和精制 / 3
    1.2 打顶废弃烟叶多糖的结构分析 / 4
    1.3 烟叶多糖保润性应用分析 / 10
    1.4 小结 / 11

2 烟秆多糖的提取、结构表征及应用 / 12
    2.1 烟秆多糖的提取制备 / 12
    2.2 烟秆多糖的分离纯化 / 13
    2.3 烟秆多糖的结构分析 / 14
    2.4 烟秆多糖的抗氧化分析 / 17
    2.5 小结 / 19

3 废弃烟叶多糖的提取、结构表征及应用 / 21
    3.1 超声法提取废弃烟叶多糖 / 21
    3.2 废弃烟叶多糖的结构分析 / 24
    3.3 废弃烟叶多糖的抗氧化性研究 / 28
    3.4 小结 / 30

4 打顶废弃烟叶蛋白质的提取及酶解抗氧化性研究 / 31
    4.1 废弃烟叶蛋白质的提取 / 31
    4.2 酶解条件对烟叶蛋白质水解度的影响 / 31
    4.3 不同酶解条件对酶解产物的 DPPH 自由基清除能力 / 34
    4.4 小结 / 35

第 2 部分

烟草废弃物香味成分的提取及利用

5 烟草花蕾精油的提取及活性分析 / 39
    5.1 水蒸气蒸馏法提取烟草花蕾精油的工艺条件优化 / 40
    5.2 烟草花蕾精油的抑菌、抗氧化性能研究 / 51
    5.3 不同产地烟草花蕾精油的挥发性成分分析 / 59
    5.4 烟草花蕾精油的电子烟应用研究 / 69
    5.5 小结 / 74

6 废弃烟叶酶解液制备烟用香料 / 76
    6.1 废弃烟叶酶解液制备烟用香料流程 / 76
    6.2 纤维素复合酶浓度对还原糖浓度的影响 / 77
    6.3 蛋白酶浓度对酪氨酸浓度的影响 / 77
    6.4 制备的烟用香料挥发性香味成分分析 / 78
    6.5 烟用香料感官评吸对比 / 80
    6.6 小结 / 81

7 打顶废弃烟叶美拉德反应制备烟用香料 / 82
    7.1 不同反应条件对烟用香料评吸效果的影响 / 82
    7.2 浸膏美拉德反应增香正交试验 / 83
    7.3 烟用香料 GC/MS 结果分析 / 85
    7.4 小结 / 87

第 3 部分

废弃烟叶的提质与利用

8 复合酶处理低次烟叶对烟叶品质的影响 / 91
    8.1 试验方法 / 91
    8.2 不同酶浓度对烟叶中还原糖、蛋白质、果胶含量的影响 / 92
    8.3 正交试验确定复合酶中各酶浓度的配比 / 94
    8.4 复合酶处理前后烟叶中挥发性化学成分的变化及感官评吸 / 96
    8.5 小结 / 98

9 废弃烟叶中类胡萝卜素的降解／99

    9.1 类胡萝卜素降解微生物降解效果分析及菌株鉴定／99

    9.2 臭氧处理对烟叶的影响／101

    9.3 小结／103

参考文献／104

第1部分 Part 1
烟草废弃物中活性成分的提取及利用

1 打顶废弃烟叶多糖的提取、结构表征及应用

本章介绍了打顶废弃烟叶多糖的分离方法和结构分析。结构表征结果表明：HPLC 分析多糖的单糖组成，表明其为由葡萄糖醛酸 42.91%、葡萄糖 8.89%、甘露糖 32.31%、阿拉伯糖 15.89% 组成的杂多糖。红外光谱分析研究了烟叶多糖的化学结构，结构表明烟叶多糖为酸性 β-吡喃糖。SEC/MALLS/RI 分析多糖的分子质量及分子构象，得到烟叶多糖的重均分子质量为 6.587×10^4 g/mol，多分散系数 M_w/M_n 接近 1 多糖分子质量较为均一，在水溶液中为球形并高度分支的构象存在。热裂解分析表明多糖在无氧条件下裂解产物较多，600℃下裂解产物有 17 种物质，900℃下有 21 种。烟叶多糖的应用：保润性试验表明烟叶多糖具有一定的保润性，但效果低于丙二醇。

为实现综合利用，研究者从废弃烟叶提取出了具有较高经济价值的多糖，并对多糖进行结构表征和应用研究，从而为其工业利用提供参考和理论依据。

1.1 打顶废弃烟叶多糖的提取和精制

多糖的提取和精制过程如下。

（1）除烟叶色素　称取 50g 烟末，分别用 500mL 乙酸乙酯和丙酮在索氏提取器中浸提至溶液无明显颜色变化，取出烟末，烘干。

（2）沉淀多糖　用 500mL pH 为 8 的磷酸缓冲液（NaH_2PO_4-Na_2HPO_4）提取两次，得到的沉淀使用高压灭菌锅 121℃下高压水蒸气浸提 0.5h，沉淀用 500mL 0.02% $NaBH_4$ + 0.4% NaOH 的混合水溶液（质量分数，下同）浸提 12h，离心留沉淀。

（3）浓碱提取　将（2）最后的沉淀用 500mL 0.05% $NaBH_4$ + 5% NaOH

混合溶液浸提 24h，离心，保留上清液，沉淀继续重复此步骤一次，合并两次上清液，得到粗多糖提取液。

（4）除多糖色素　用 36% 的乙酸将上清液的 pH 调至 7 左右，然后用氨水调 pH 至 8～9，逐滴加入 H_2O_2 并搅拌，每次加入 10～15mL，搅拌 4h，重复多次，每次保持 pH 在 8～9，至溶液颜色无较大变化为止。

（5）多糖的精制　将溶液旋转蒸发浓缩，透析袋透析 4d，将透析液旋转蒸发浓缩，转移至培养皿中，冷冻干燥得到粗多糖。将粗多糖溶解于 200mL 水中，过滤除去沉淀，在水溶液中逐滴多次加入丙酮以沉淀多糖，离心得沉淀，冷冻干燥得精制多糖，多糖提取率为 9.29%，苯酚 – 硫酸法测得多糖的纯度为 96.85%。

1.2　打顶废弃烟叶多糖的结构分析

1.2.1　HPLC 法分析打顶废弃烟叶多糖的单糖组成

1.2.1.1　多糖样品的处理

准确称取 1.0mg 精制烟叶多糖，加入 3mL 2mol/L 的三氟乙酸，密封置于 100℃ 水浴锅中恒温水解 2h，冷却；转移至烧瓶中 60℃ 旋转蒸发，蒸干（蒸馏瓶中无液体）后再加入 2～3mL 蒸馏水，再次蒸干；重复 3 次，最后加入 1mL 超纯水溶解，用 0.45μm 聚醚砜滤膜过滤，转移至色谱瓶中，进行 HPLC 检测。检测条件如下所述。

色谱柱：Aminex HPX – 87H 柱；柱温：50℃；流动相：5mmol/L 硫酸溶液（超声波脱气 15min）；流速：0.6mL/min；检测器：示差折光检测器；进样量：20μL。

混合标准样品溶液的配制：根据预试验结果，选定并准确称取葡萄糖醛酸、葡萄糖、甘露糖、阿拉伯糖各 0.1g，分别用超纯水溶解并定容至 50mL；各取 0.1mL 每种糖溶液至同一个色谱瓶中，用超纯水补至 1.5mL 作为混合标准溶液，HPLC 进样检测，条件与检测烟叶多糖样品时相同。

1.2.1.2　多糖的单糖组成分析

将烟叶多糖酸水解，然后 HPLC 分析其单糖组成，根据标准样品的保留时间确定多糖水解样品中含有的单糖分别为葡萄糖醛酸、葡萄糖、甘露糖和阿拉伯糖，其质量分数如表 1 – 1 所示。可以看出，烟叶多糖是一种酸性杂多糖。

表1–1　　　　　　　烤烟上部烟叶多糖的单糖组成

单糖种类	质量分数/%
葡萄糖醛酸	42.91
葡萄糖	8.89
甘露糖	32.31
阿拉伯糖	15.89

1.2.2　打顶废弃烟叶多糖的红外结构分析

烟叶多糖的红外光谱图如图1–1所示。通过分析可知，—OH 的 O—H 伸缩振动在 3350cm^{-1} 形成吸收峰；在 2920cm^{-1} 处出现的较强吸收峰，是 CH_3 或 CH_2 的 C—H 伸缩振动峰；1630cm^{-1} 为 C=O 的伸缩振动吸收峰；吡喃环内 CH_2 对称伸缩振动峰以及 OH 面内变形振动峰（1410cm^{-1} 左右）、C—O 键的伸缩振动峰（1040cm^{-1} 左右），表明为典型的吡喃糖结构；890cm^{-1} 左右为 β–构型多糖的特征吸收峰。综上，推测出烟叶多糖为酸性 β–吡喃糖。

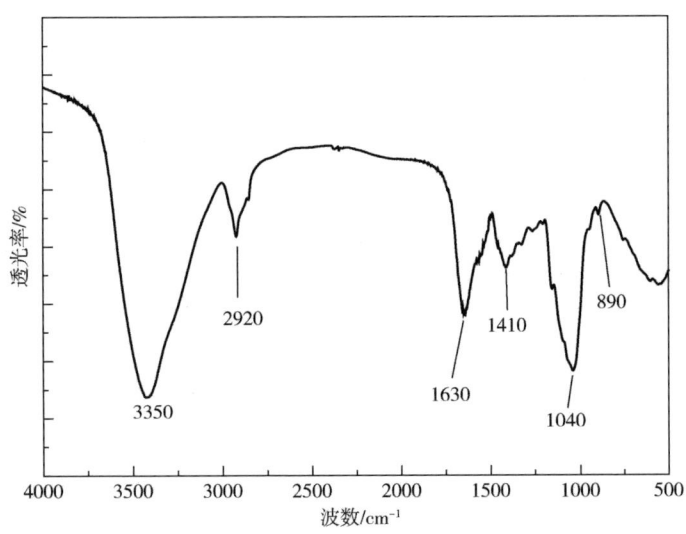

图1–1　烤烟上部烟叶多糖的红外光谱图

1.2.3　SEC/MALLS/RI 法分析打顶废弃烟叶多糖的分子质量及分子构象

图1–2是烟叶多糖重均分子质量（M_w）、光散射信号（LS）和示差信号

（RI）与流出时间的关系图。其中 M_w 与流出时间的关系曲线表示一定时间段内多糖的重均分子质量大小；LS 与流出时间的关系曲线表示不同流出时间的多糖粒径大小；RI 与流出时间的关系曲线表示不同流出时间的多糖溶液浓度。可以从黑线曲线看出多糖的重均分子质量主要分布在 11000～130000g/mol。采用 Astra 4.72 软件（美国怀亚特技术公司）进行数据处理，计算样品的分子质量大小和均方根的回转半径。均方根旋转半径 $\langle s^2 \rangle_z^{1/2}$ 对重均分子质量（M_w）的依赖关系可用 $\langle s^2 \rangle_z^{1/2} = K M_w^{\alpha}$ 关系式表示，该关系式的 α 值也可用于推断高分子在溶液中的链构象。α 值接近 1、0.5 和 0.33 时，分别表示高分子在溶液中呈现刚性棒状链、无规线团和球形链构象。通过取对数可将关系式转化为线性方程，其中 lg$K$ 为 y 轴上截距，α 为直线斜率。通过软件分析得到表 1-2 的结果，其中烟叶多糖的 M_w 为 6.587×10^4；烟叶多糖的多分散系数 M_w/M_n 为 1.557，其越接近 1，试样越均一，也就是说提取的烟叶多糖分子质量分布较窄，均一性较好。由表 1-2 数据，M_w 很大，而旋转半径 $\langle s^2 \rangle_z^{1/2}$ 相对较小，推断多糖形状为球型。进一步论证，将烟叶多糖 $\langle s^2 \rangle_z^{1/2}$ 与 M_w 的双对数作图，得到图 1-3，$M_w < 30000$g/mol 时为部分 I，$M_w > 30000$g/mol 时为部分 II，当 M_w 小于 30000g/mol（或均方根旋转半径小于 10nm）时不适合均方根旋转半径与重均分子质量双对数关系模型，不做讨论。对 II 部分的双对数模型进行直线拟合，得到的直线斜率 α 为 0.279。可知，多糖在水中的构象为球型，并且推测其为高度支化。

表 1-2　SEC/MALLS/RI 测定的烤烟上部烟叶多糖的相关分子参数

参数*	数值
M_n/（g/mol）	4.231×10^4（±4.023%）
M_p/（g/mol）	4.951×10^4（±1.275%）
M_w/（g/mol）	6.587×10^4（±2.228%）
M_z/（g/mol）	2.422×10^5（±3.384%）
M_w/M_n	1.557（±4.599%）
M_z/M_n	5.724（±5.257%）
$\langle s^2 \rangle_z^{1/2}$/nm	22.9（±16.0%）

注：* M_n 为数均分子质量，M_p 为峰值分子质量，M_w 为重均分子质量，M_z 为均分子质量，M_w/M_n 为多分散系数，$\langle s^2 \rangle_z^{1/2}$ 为均方根旋转半径。

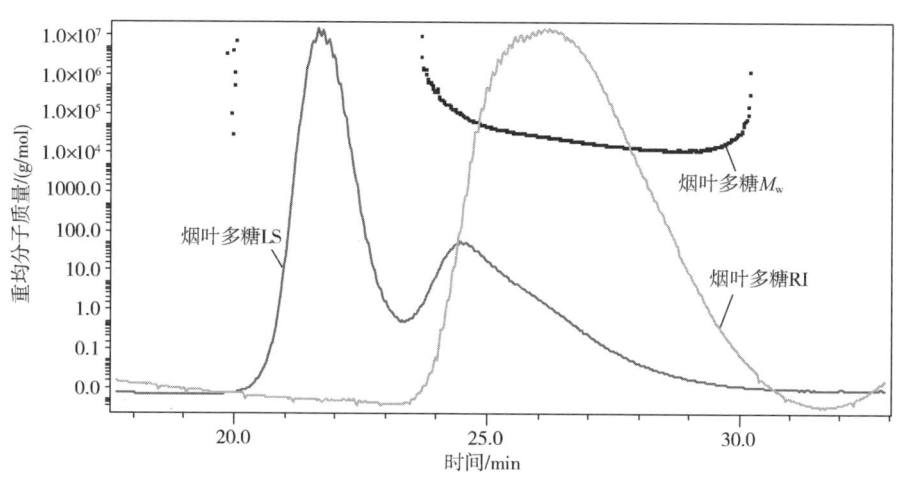

图1-2　上部烟叶多糖重均分子质量（M_w）、光散射信号（LS）和示差折光信号（RI）与流出时间的关系

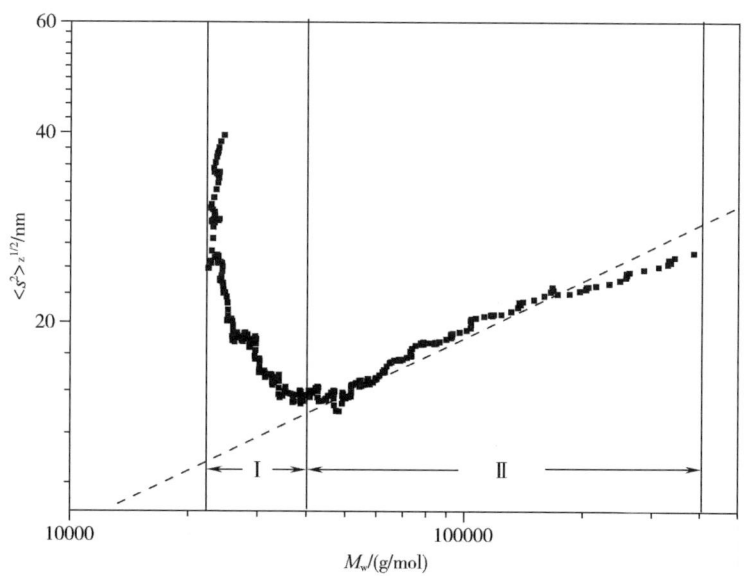

图1-3　烟叶多糖均方根旋转半径与重均分子质量的双对数关系

1.2.4　打顶废弃烟叶多糖的热裂解分析

由表1-3可以看出，在无氧条件下，上部烟叶多糖在600℃裂解时鉴定出17种组分，主要为乙酸、糠醛、糠醇、甲基环戊烯醇酮、苯酚、乙二醇二

乙酸酯、4-羟基丁酸内酯、2-羟基茉莉酮等，在900℃裂解时鉴定出21种组分，主要为乙醛、甲苯、3-甲基吡咯、2-甲基吡啶、乙苯、吡啶、苯乙烯、N-乙基吡咯、3-甲基-2-环戊烯-1-酮、间乙基甲苯、苯酚、邻甲酚等。不同温度下的热裂解成分差异较大，仅有苯酚、甲基环戊烯醇酮和己二酸二（2-乙基己）酯三种成分相同。

表1-3　烤烟上部烟叶多糖在无氧条件和不同温度下的裂解产物

序号	保留时间/min	成分	质量分数（600℃）/%	质量分数（900℃）/%	匹配度/%
1	2.4926	乙醛（Acetaldehyde）	—	46.2698	80
2	3.4515	乙酸（Acetic acid）	65.1238	—	91
3	4.9454	吡啶（Pyridine）	—	1.4069	93
4	5.4395	甲苯（Toluene）	—	8.9138	94
5	6.6513	3-糠醛（3-Furaldehyde）	0.8400	—	85
6	7.2748	糠醛（Furfural）	3.0551	—	87
7	7.2805	2-甲基吡啶（2-Methylpyridine）	—	1.8672	96
8	8.0099	3-甲基吡咯（1H-Pyrrole, 3-methyl-）	—	2.109	91
9	8.2922	乙苯（Ethylbenzene）	—	1.9368	64
10	8.3041	糠醇（2-Furanmethanol）	2.1947	—	98
11	8.5511	乙二醇二乙酸酯（1,2-Ethanediol, diacetate）	2.0981	—	86
12	9.5215	苯乙烯（Styrene）	—	1.8693	97
13	10.1333	甲基环戊烯醇酮（2-Cyclopenten-1-one, 2-methyl-）	3.1680	0.797	97
14	10.5216	4-羟基丁酸内酯（Butyrolactone）	1.3204	—	68
15	11.3863	2-羟基茉莉酮（2-Cyclopenten-1-one, 2-hydroxy-）	1.2077	—	83
16	11.4214	N-乙基吡咯（1H-Pyrrole, 1-ethyl-）	—	1.8117	64
17	12.5037	正丙苯（Benzene, propyl-）	—	0.5933	87
18	13.1154	3-甲基-2-环戊烯-1-酮（2-Cyclopenten-1-one, 3-methyl-）	—	1.5359	96

续表

序号	保留时间/min	成分	质量分数(600℃)/%	质量分数(900℃)/%	匹配度/%
19	14.7918	间乙基甲苯（Benzene,1-ethyl-3-methyl-）	—	1.6977	94
20	14.9743	4-辛炔（4-Octyne）	0.4296	—	80
21	15.2743	5-甲基-3-己烯-2-酮（3-Hexen-2-one,5-methyl-）	0.1724	—	81
22	15.5623	苯酚（Phenol）	1.4145	1.3186	97
23	17.0917	2-羟基-3-甲基-2-环戊烯-1-酮（2-Cyclopenten-1-one,2-hydroxy-3-methyl-）	—	0.7248	81
24	17.4622	2,3-二甲基-2-环戊烯酮（2-Cyclopenten-1-one,2,3-dimethyl-）	—	0.4384	90
25	17.8445	1-苯基-1-丙炔（Benzene,1-propynyl-）	—	0.3834	93
26	19.8679	4-甲基苯酚（p-Cresol）	—	0.7502	95
27	21.5149	邻甲酚（Phenol,2-methyl-）	—	1.9294	86
28	22.5973	麦芽酚（Maltol）	0.5055	—	83
29	23.1325	3-乙基-2-羟基-2-环戊烯-1-酮（2-Cyclopenten-1-one,3-ethyl-2-hydroxy-）	0.8461	—	95
30	28.238	十二烷（Dodecane）	—	0.3363	70
31	41.3548	正十四烷（Tetradecane）	—	1.2093	95
32	66.4591	植酮（2-Pentadecanone,6,10,14-trimethyl-）	0.6074	—	99
33	67.5356	邻苯二甲酸二异丁酯［1,2-Benzenedicarboxylic acid,bis（2-methylpropyl）ester］	0.1276	—	86
34	77.8995	己二酸二（2-乙基己）酯［Hexanedioic acid,bis（2-ethylhexyl）ester］	0.2389	0.0633	81
35	79.0172	正二十烷（Eicosane）	0.0670	—	95

1.3 烟叶多糖保润性应用分析

测定烟叶多糖对烟丝保润性能的影响,添加3种不同样品,先放置于温度为(22±1)℃、相对湿度为(60±2)%的恒温恒湿箱中进行平衡48h,然后转移至温度为(22±1)℃、相对湿度为(40±2)%的环境中,得到烟丝含水率随时间的变化曲线如图1-4所示。由图1-4可知,前16h内,添加多糖组烟丝的含水率一直小于添加丙二醇组的烟丝,添加多糖组的烟丝含水率下降速率大于添加丙二醇试验组,但小于添加蒸馏水的空白组。24h后3组样品的烟丝含水率都趋于稳定状态,这时测定的添加烟叶多糖的含水率为6.38%,添加丙二醇的为6.54%,添加蒸馏水的为6.24%。前后对比来看,添加多糖的烟丝样品的含水率下降了6.34%,添加丙二醇的烟丝样品含水率下降了6.25%,前者含水率降低值比后者高。结合来看,说明烟叶多糖有一定的烟丝保润性,但没有小分子的丙二醇效果好。其原因可能是:①每个丙二醇分子中含有两个羟基,可以与水结合形成氢键,吸湿性较强;而烟叶多糖中的羟基虽较多,但游离态羟基较少,与水的结合性比丙二醇弱;②从分子结构来看,由SEC/MALLS/RI结果推断提取的烟叶多糖可能为球状结构,由于不能有效地打开多糖链,比表面积小,不能形成具有更强持水能力的网状结构,对水的吸湿性较弱。

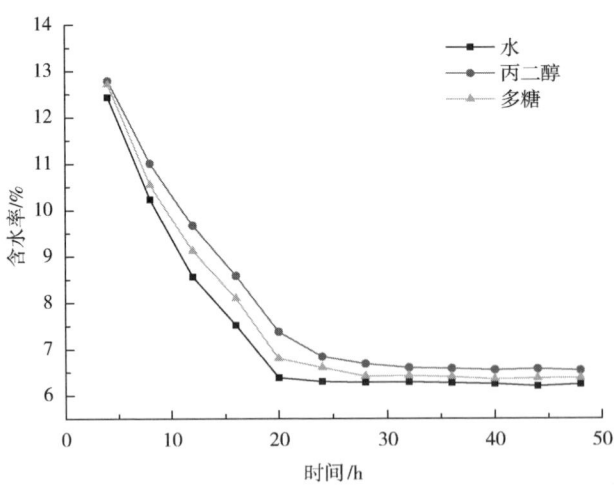

图1-4 烤烟上部烟叶多糖以及丙二醇对烟丝含水率的影响

1.4 小　　结

HPLC 分析烤烟上部烟叶多糖的单糖组成结果表明,其为由 42.91% 葡萄糖醛酸、8.89% 葡萄糖、32.31% 甘露糖、15.89% 阿拉伯糖组成的杂多糖。IR 分析烟叶多糖的化学结构表明烟叶多糖为酸性 β-吡喃糖。SEC/MALLS/RI 分析烟叶多糖的分子质量及分子构象表明,其重均分子质量 M_w 为 $6.587 \times 10^4 \text{g/mol}$,多分散系数 M_w/M_n 接近 1,多糖分子质量较为均一,在水溶液中为球形并以高度分支的构象存在。热裂解分析表明多糖在无氧条件下裂解产物较多,600℃和900℃下的裂解产物分别有 17 和 21 种成分。烟叶多糖具有一定的保润性,但效果低于丙二醇。从本试验方法提取的烟叶多糖比之前凝胶过滤纯化的方法更加高效,且提取率较高。

2 烟秆多糖的提取、结构表征及应用

本章介绍了由水提醇沉的方法提取出烟秆粗多糖,再用凝胶层析得到精制多糖。红外光谱分析研究了烟秆多糖的化学结构,结构表明烟秆多糖为 β - 构型的吡喃多糖。HPLC 分析多糖的单糖组成,表明其为由葡萄糖醛酸、半乳糖醛酸、葡萄糖、甘露糖/半乳糖、鼠李糖、阿拉伯糖组成的杂多糖。SEC/MALLS 分析多糖的分子质量及分子构象,得到烟秆多糖的重均分子质量为 $3.142 \times 10^4 \mathrm{g/mol}$,多分散系数 d_n 接近 1 多糖分子质量较为均一,在水溶液中为球形并高度分支的构象存在。抗氧化活性采用·OH 和·DPPH 清除法测定,结果表明,烟秆多糖浓度为 30mg/mL 时对·OH 的清除率达到 61.11%,浓度为 10mg/mL 时,对·DPPH 的清除率达到 73.21%,具有良好的抗氧化活性。为烟秆多糖在食品、医药方面的利用提供理论基础。

2.1 烟秆多糖的提取制备

2.1.1 烟秆粗多糖的提取

新鲜烟秆截为 20cm 长的段,经过 105℃ 30min 杀青,再经 40℃ 24h 烘干,打粉。粗多糖的提取流程,如图 2-1 所示。

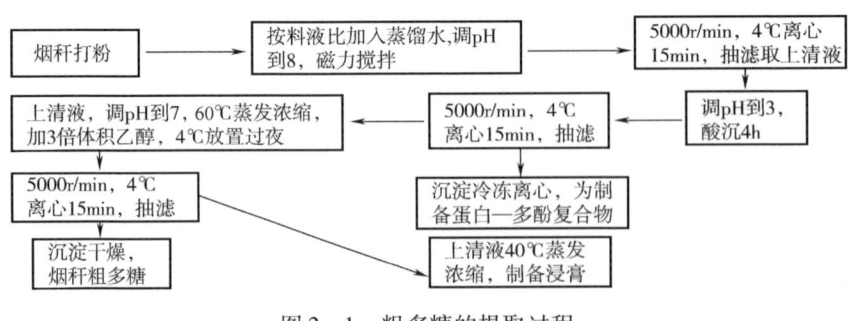

图 2-1 粗多糖的提取过程

2.1.2 粗多糖的精制

用凝胶柱层析对粗多糖进行分离和纯化。层析柱（2.5cm×60cm）填料为 Sepharose CL-6B，缓冲液为 0.2mol/L NaCl 溶液。

称取烟秆粗多糖 50mg，用 10mL 0.2mol/L NaCl 溶液溶解，0.22μm 的水相滤膜过滤后取 1mL 上柱，调整恒流泵流速使自动收集器收集时间 4.5min，每管收集 5mL，每次上样收集 60 管。从每管取 1mL 收集液，用苯酚硫酸法于 490nm 处检测多糖，于 280nm 处直接检测收集液的蛋白，记录吸光度值。以管数为横坐标，吸光度值为纵坐标，绘制粗多糖纯化曲线。重复过层析柱 8~10 次，将同一组分的多糖收集在一起，浓缩后用截留分子质量为 3500u 的透析袋透析 3d，每天换蒸馏水 3 次，浓缩，冷冻干燥，得到多糖。

2.2 烟秆多糖的分离纯化

经过减提酸沉得到的烟秆粗多糖进行 Sepharose CL-6B 柱层析进行分离纯化，结果如图 2-2 所示。粗多糖进行分离纯化时只有一个吸收峰，对 36 管到 50 管进行收集，多次柱层析合并收集液，透析袋透析，冷冻干燥，得到多糖。从图 2-2 中可以看出，多糖吸收峰较高时仍有蛋白吸收峰，这说明多糖中可能含有糖蛋白组分。

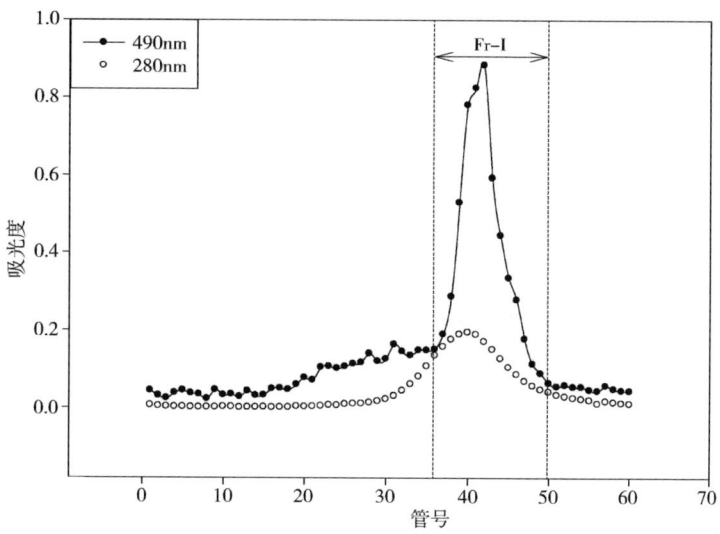

图 2-2 烟秆多糖的分离纯化结果

2.3 烟秆多糖的结构分析

2.3.1 HPLC 法分析烟秆多糖的单糖组成

对烟秆多糖进行酸水解，然后进行 HPLC 单糖分析，方法见多糖样品处理章节。分析结果如图 2-3 所示，根据标准样品的保留时间，确定多糖水解样品中含有的单糖分别为葡萄糖醛酸、半乳糖醛酸、葡萄糖、甘露糖/半乳糖、鼠李糖、阿拉伯糖，其中因 Aminex HPX-87H 色谱柱对糖分析的限制，无法将甘露糖、半乳糖两种糖分离开，所以不能确定是其中哪一种或多种，有待进一步研究。将其中各种多糖进行面积归一化处理，得到表 2-1 数据，可以看出烟秆多糖是一种杂多糖，其中各种单糖的组成及含量分别为葡萄糖醛酸 8.76%，半乳糖醛酸 12.80%，葡萄糖 11.47%，甘露糖/半乳糖 42.88%，鼠李糖 7.25%，阿拉伯糖 16.84%。

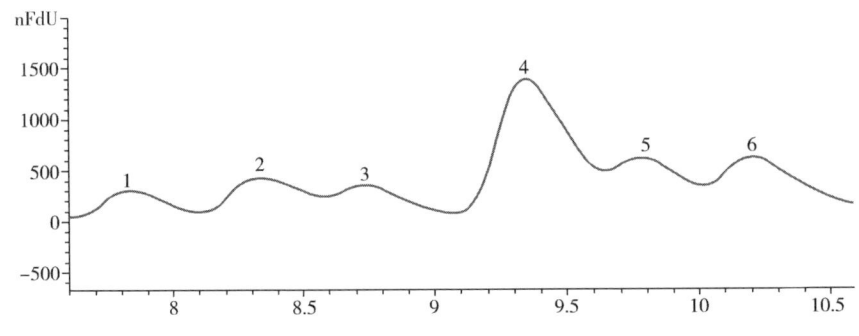

图 2-3 烟秆多糖的 HPLC 图

1—葡萄糖醛酸　2—半乳糖醛酸　3—葡萄糖　4—甘露糖/半乳糖　5—鼠李糖　6—阿拉伯糖

表 2-1　　　　烟秆多糖的单糖组成

单糖种类	含量/%
葡萄糖醛酸	8.76
半乳糖醛酸	12.80
葡萄糖	11.47
甘露糖/半乳糖	42.88
鼠李糖	7.25
阿拉伯糖	16.84

2.3.2 烟秆多糖的红外结构分析

烟秆多糖的红外分析光谱图,如图 2-4 所示,通过对红外光谱吸收图分析,在 3440cm^{-1} 处有强而宽的吸收峰,为—OH 的 O—H 伸缩振动;2930cm^{-1} 处较强的吸收峰是由于—CH$_3$ 或—CH$_2$ 的 C—H 伸缩振动引起;1650cm^{-1} 处的红外吸收峰是由于 N—H 的变角振动,可能含有氨基或酰胺基的结构,进一步说明多糖中含有蛋白质;1420cm^{-1} 和 1260cm^{-1} 处的红外吸收峰,是 C—O 伸缩振动和 O—H 面内变形振动的偶合引起,可能含有羧基;1000cm^{-1} 处为 C—O 键的伸缩振动峰,为典型的吡喃糖红外光谱图;890cm^{-1} 处的红外吸收峰为 β - 构型多糖的异头碳伸缩振动峰。由之前的紫外检测表明烟秆多糖中含有蛋白质,从而推测烟秆多糖为结合少量蛋白质 β - 构型的吡喃杂多糖。

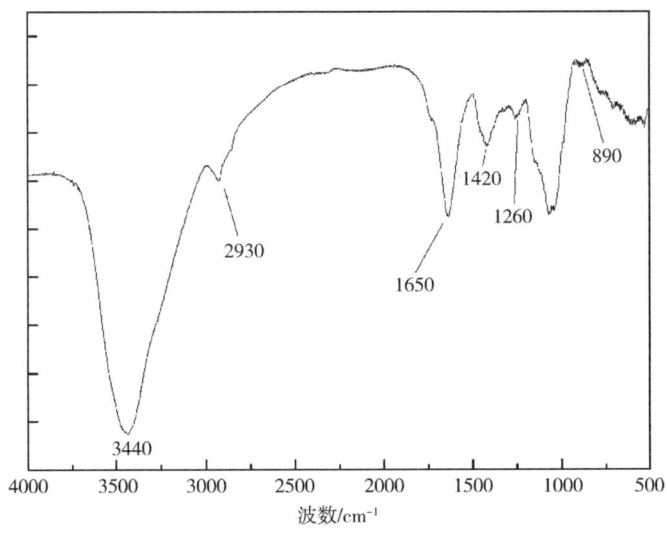

图 2-4 烟秆多糖的红外光谱图

2.3.3 SEC/MALLS/RI 法分析烟秆多糖的分子质量及分子构象

烟秆多糖的 SEC/MALLS 参数,如表 2-2 所示。

表 2-2　　　　　　　　　烟秆多糖的 SEC/MALLS 参数表

参数	Peak 1
M_n/(g/mol)	2.520×10^4 (±0.804%)
M_p/(g/mol)	2.018×10^4 (±0.744%)
M_w/(g/mol)	3.142×10^4 (±0.813%)
M_z/(g/mol)	4.684×10^4 (±1.869%)
M_w/M_n	1.247 (±1.143%)
M_z/M_n	1.859 (±2.035%)
$\langle s^2 \rangle_z^{1/2}$/nm	14.1 (±17.5%)

图 2-5 是烟秆多糖重均分子质量（M_w）、光散射（LS）和示差信号（dRI）与流出时间的关系图。从图 2-5 中可以看出多糖的重均分子质量为 145000～19000g/mol。从表 2-2 中可以看出烟秆多糖的 M_w 为 3.142×10^4。多分散系数 $d_n = M_w/M_n$，d_n 越接近 1，试样越均一。烟秆多糖中的 d_n = 1.247，接近于 1，说明多糖分子的质量分布较窄，均一性较好。均方根旋转半径 $\langle s^2 \rangle_z^{1/2}$ 对分子质量的关系可用 $\langle s^2 \rangle_z^{1/2} = kM^\alpha$ 关系式表示，该关系式的 α 值也可用于推断高分子在溶液中的链构象。通常，α 值为 1、0.5～0.6 和

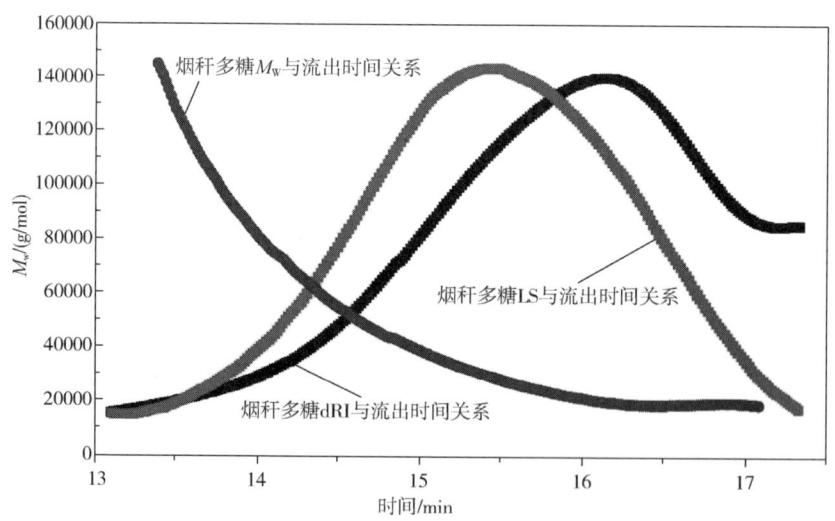

图 2-5　烟秆多糖 M_w、LS 和 dRI 与流出时间的关系图

0.33 时，分别表示高分子在溶液中呈现刚性棒状链、无规线团和球形链构象。对于支化高分子，α 值一般小于 0.5，有时甚至低于 0.33。将烟秆多糖的 $\langle s^2 \rangle_z^{1/2} = 14.1\text{nm}$，对 $\langle s^2 \rangle_z^{1/2}$ 与 M_w 的双对数作图，如图 2-6 所示，分子质量小于 20000g/mol 时为部分 Ⅰ，分子质量大于 20000g/mol 时的部分为 Ⅱ，当分子质量小于 20000g/mol 时不适合均方根旋转半径与重均分子质量双对数关系模型，只讨论 Ⅱ 部分。对 Ⅱ 部分的双对数模型进行拟合，得到的直线斜率 α 为 0.188，从而可知，多糖在水中构象为球形，并且高度支化。

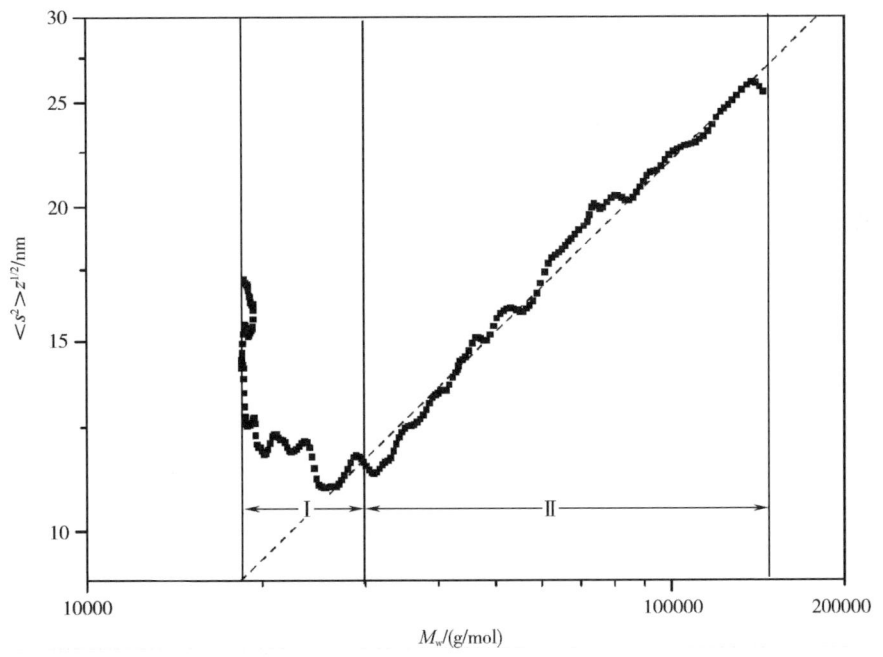

图 2-6 烟秆多糖均方根旋转半径与重均分子质量双对数关系图

2.4 烟秆多糖的抗氧化分析

2.4.1 烟秆多糖的抗氧化性检测方法

2.4.1.1 ·OH 的清除能力的测定

配制浓度梯度分别为 5mg/mL、10mg/mL、15mg/mL、20mg/mL、25mg/mL、30mg/mL 的烟秆多糖溶液 10mL。取 8 支试管，其中 6 支为试验组，1 支作为

对照组，1 支为空白组。向试验组中加入 1mL 多糖溶液，1mL 0.02mmol/L 磷酸缓冲液（pH 为 7.4，PBS），1mL 7.5mmol/L 的邻二氮菲溶液，摇匀，再加入 1mL 3.25mmol/L $FeSO_4$ 溶液，充分混合后再加入 1mL 1.5% H_2O_2，于 37℃ 恒温 1h，用紫外分光光度计在 510nm 处以蒸馏水调零测得吸光度值记为 A_i。空白组以蒸馏水代替 1mL 多糖溶液，记吸光度值为 A_0。对照组以蒸馏水代替 1mL 多糖溶液和 1mL 1.5% H_2O_2，测得吸光度为 A_j。烟秆多糖对·OH 清除率的计算公式如式（2-1）所示。

$$·OH 清除率 = (A_i - A_0)/A_j \times 100\% \quad (式2-1)$$

2.4.1.2 烟秆多糖对·DPPH 清除能力的测定

配制浓度梯度为 2mg/mL、4mg/mL、6mg/mL、8mg/mL、10mg/mL 的烟秆多糖溶液 10mL。取 11 支试管，5 支为试验组，5 支为对照组，1 支为空白组。向试验组分别加入 1mL 多糖溶液、3mL 50% 乙醇配制的 2mmol/L 的 DPPH 溶液，混匀后，放暗处 0.5h，以 50% 乙醇溶液调零于 517nm 处测定其吸光度 A_i；向空白组分别加入 3mL 50% 乙醇配制的 2mmol/L 的 DPPH 溶液、1mL 蒸馏水，517nm 处测定其吸光度 A_0；向对照组分别加入对应浓度的 1mL 多糖溶液、3mL 50% 乙醇，于 517nm 处测定其吸光度为 A_j。多糖对·DPPH 清除率的计算公式如式（2-2）所示。

$$·DPPH 清除率 = [1 - (A_i - A_j)/A_0] \times 100\% \quad (式2-2)$$

2.4.2 烟秆多糖的抗氧化性结果

烟秆多糖对·OH 和·DPPH 的清除率如图 2-7 所示。由图 2-7（1）可以看出，随着多糖浓度的增加，对·OH 的清除率也增加，多糖浓度在 30mg/mL 的时候对·OH 的清除率达到 61.11%。在图 2-7（2）中显示出，在较低的多糖浓度（2~6mg/mL）时，随着多糖浓度的增加对·DPPH 的清除率变化不大，但当浓度继续增大时·DPPH 的清除率增加显著，当浓度达到 10mg/mL 时，对·DPPH 的清除率达到 73.21%。两个结果都表明，烟秆多糖具有良好的抗氧化活性。结合烟秆多糖的结构分析，这种抗氧化活性可能是由于多糖分子中大量的羧基（—COOH）、羰基（C═O）、醚基（—O—）等结构，这些基团可以提供电子使自由基以一种更稳定的形式存在，或者使自由基引起的链式反应终止。

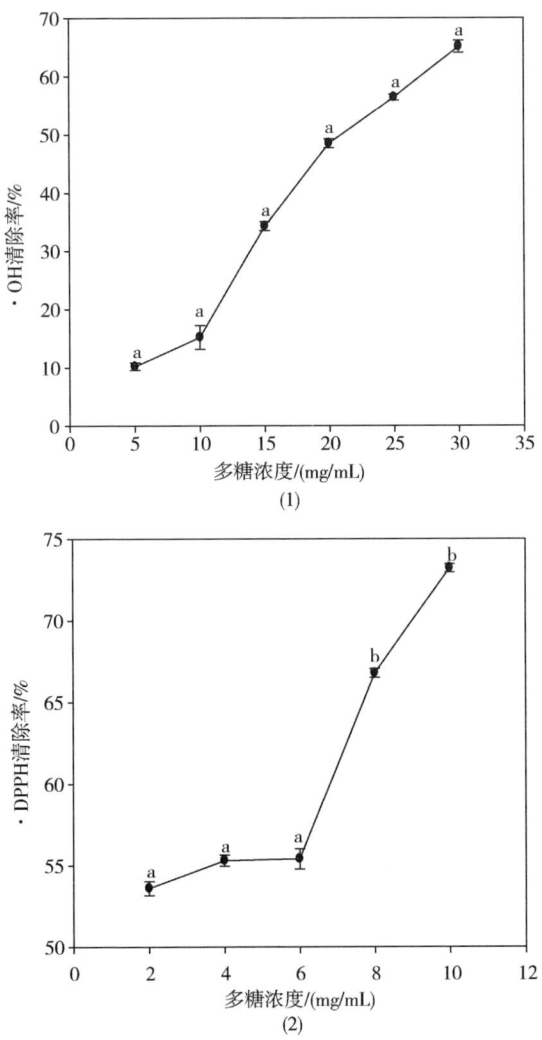

图 2-7　不同多糖浓度对·OH 和·DPPH 清除率的影响

2.5　小　　结

红外图谱可以看出烟秆多糖为明显的 β 构型的吡喃多糖，结合紫外结果其为结合少量蛋白质的 β-构型的吡喃多糖。多糖的单糖组成为葡萄糖醛酸 8.76%，半乳糖醛酸 12.80%，葡萄糖 11.47%，甘露糖/半乳糖 42.88%，鼠李糖 7.25%，阿拉伯糖 16.84%，属于酸性杂多糖。通过 SEC/MALLS 分析得到多糖的分子质量及分子构象，其数均分子质量为 2.520×10^4 g/mol，重均分子质量 3.142×10^4 g/mol，多分散系数 $d_n = 1.247$，说明多糖分子质量较为均一；分子质量大于 20000g/mol 的部分的重均分子质量与均方根旋转半径的双对数图拟合直线的斜率 $\alpha = 0.188$，从而推断多糖分子质量大于 20000g/mol 的部分在水溶液中的构象为球形并高度分支。对多糖进行抗氧化分析，烟秆多糖浓度为 30mg/mL 时，对·OH 的清除率达到 61.11%，浓度为 10mg/mL 时，对·DPPH 的清除率达到 73.21%，具有良好的抗氧化活性。研究结果对烟秆废弃物制备高价值产品提供了理论基础，并对烟秆多糖在医药、保健食品行业的应用奠定了基础。

3 废弃烟叶多糖的提取、结构表征及应用

本章通过单因素试验，研究了功率、时间、液料比、温度4个因素对低次烟叶多糖提取率的影响，并进一步通过正交试验设计对多糖提取工艺条件进行优化，得出多糖提取的最佳条件：功率600W、时间4min、液料比1:25和温度60℃。在此条件下，多糖得率为2.56%；同时，考查了低次烟叶多糖的对OH自由基、DPPH自由基的清除能力，通过ABTS法测定了低次烟叶粗多糖的体外总抗氧化能力，研究显示，低次烟叶多糖具有较强的总抗氧化活性和较好的自由基清除活性。利用Sepharose CL-6B羧甲基琼脂糖凝胶柱对得到的粗多糖进行纯化分离，得到不同分子质量的两个组分Fr-Ⅰ和Fr-Ⅱ。气相分析Fr-Ⅰ主要单糖组成为D-木糖、L-鼠李糖和D-半乳糖，Fr-Ⅱ主要单糖组成为D-葡萄糖、L-鼠李糖和L-甘露糖。通过红外光谱分析，推测Fr-Ⅰ可能是一种含蛋白的β-吡喃型酸性甘露糖，Fr-Ⅱ可能是一种部分乙酰化的酸性多糖。由动态光散射法计算出Fr-Ⅰ的平均粒径是27.337nm，多分散性指数是0.5098；Fr-Ⅱ平均粒径是77.446nm，多分散性指数是0.3129。以上结论为低次烟叶的多糖的潜在应用提供了重要的理论参考。

3.1 超声法提取废弃烟叶多糖

3.1.1 废弃烟叶多糖的提取

废弃烟叶经预处理后加入一定量蒸馏水，用超声波法进行提取，提取液在4℃、8000r/min条件下离心15min，取上清。上清液经旋转蒸发浓缩后加入3倍体积无水乙醇，4℃下沉析，过夜。次日取出，于4℃、5000r/min离心15min，得粗多糖沉淀。用蒸馏水将沉淀复溶后，用Sevage法脱蛋白，将所得糖液再次醇析，将多糖沉淀真空冷冻干燥后称重，测多糖得率。

3.1.2 废弃烟叶多糖的精制

将粗多糖样品溶于 0.2mol/L NaCl 缓冲液中，配成浓度为 20mg/mL 的溶液，过 0.22μm 的水系膜，转移至 SepharoseCL-6B 羧甲基琼脂糖凝胶柱（2.5cm×60cm），以 0.2mol/mL NaCl 缓冲液进行洗脱，流速为 0.6mL/min。利用部分收集器收集，5mL/管。每管取 1mL 用苯酚—硫酸法检测多糖。用紫外可见，分光光度计在 280nm 处检测蛋白质。

重复上柱 5~6 次，根据检测结果，将不同组分分别收集在一起，旋转蒸发至适当体积后转移至透析袋进行透析，透析 3d，每天换蒸馏水 2 次，之后分别收集透析袋（相对分子质量 3500）中的组分，冷冻干燥即得精致粗多糖。

3.1.3 不同提取条件对烟叶多糖提取率的影响

3.1.3.1 废弃烟叶多糖提取的单因素试验

在不同条件下废弃烟叶多糖提取率变化趋势如图 3-1 所示。

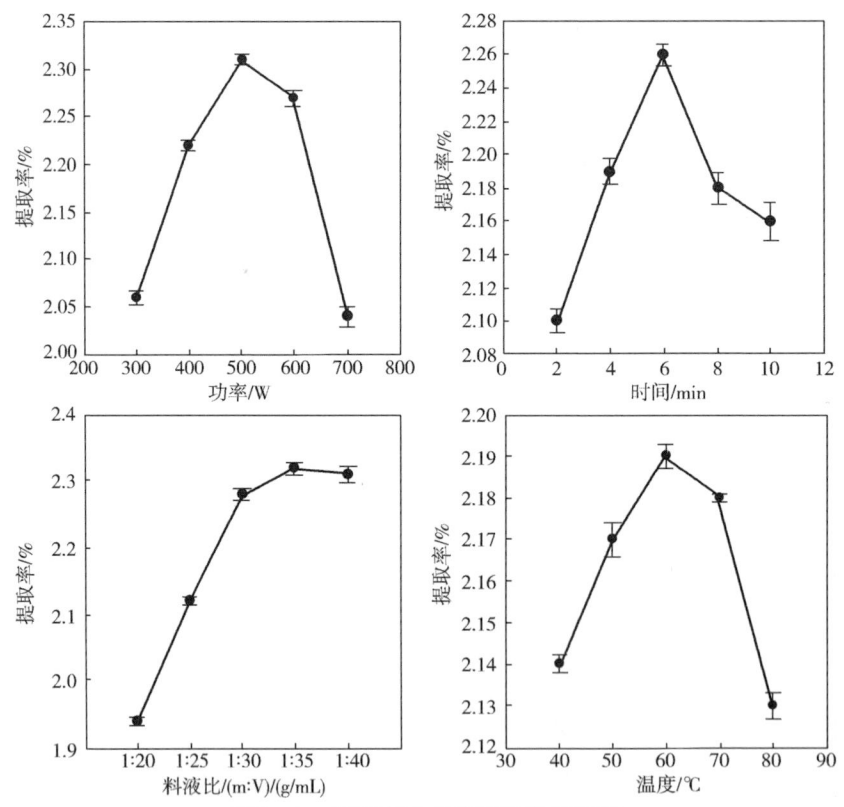

图 3-1 单因素对多糖提取率的影响

（1）超声功率　多糖提取率随功率的增大呈先上升后大幅度下降之势，当功率达到500W时，多糖提取率最大，可达到2.31%。

（2）超声时间　多糖得率随提取时间的增大呈先增大后平稳的趋势。6min得率达到最大值，为2.26%，当提取时间小于6min时，得率均小于2.26%。原因在于超声波在短时间内对细胞壁破碎作用较大，溶出物多，但时间过长，多糖溶出达到最大水平后不再变化，故多糖得率会趋于平缓。

（3）料液比　当液料比为1∶35时，得率有最大值2.32%。当液料比由1∶20升高到1∶30时，得率呈上升趋势。这可能是因为当液料比过小时，多糖在较短时间内就在溶液中达到溶解平衡，不再溶出。当料液比高于1∶35时，体系中水充足，多糖溶出达到最大值，不再变化。

（4）提取温度　多糖的提取率随温度升高先逐渐增大，后大幅度降低。当温度达到60℃时，废弃烟叶多糖的提取率最大，为2.19%。

3.1.3.2　废弃烟叶多糖提取的正交试验

废弃烟叶多糖提取正交试验及结果见表3-1。

表3-1　$L_9(3^4)$正交试验设计及结果

编号	A 功率/W	B 时间/min	C 液料比/（g/mL）	D 温度/℃	提取率/%
1	1（400）	1（4）	1（1∶25）	1（50）	2.47
2	1	2（6）	2（1∶30）	2（60）	2.42
3	1	3（8）	3（1∶35）	3（70）	2.38
4	2（500）	1	2	3	2.43
5	2	2	3	1	2.37
6	2	3	1	2	2.41
7	3（600）	1	3	2	2.52
8	3	2	1	3	2.55
9	3	3	2	1	2.46
K_1	0.0242	0.0247	0.0248	0.0244	
K_2	0.0240	0.0245	0.0244	0.0245	
K_3	0.0251	0.0242	0.0242	0.0245	
极差R	0.0011	0.0006	0.0005	0.0002	
最优水平	3	1	1	2	

由表3-1可知，各因素对废弃烟叶多糖提取得率影响作用的主次次序为：A＞B＞C＞D，即A因素对多糖提取得率的影响最大，B次之，D最小。得出超声波法提取废弃烟叶多糖的最佳工艺为：$A_3B_1C_1D_2$，即在功率600W、提取时间4min、液料比1∶25、温度60℃时，废弃烟叶多糖有最大提取率，为2.56%。

3.1.3.3 废弃烟叶多糖的分离纯化

称取粗多糖30mg，进行分离纯化，检测结果如图3-2所示。分析结果得到2个不同分子质量的多糖组分：组分1（Fr-Ⅰ）和组分2（Fr-Ⅱ）。将组分1和组分2分别收集，经浓缩，透析和冷冻干燥后，得到废弃烟叶多糖纯品。

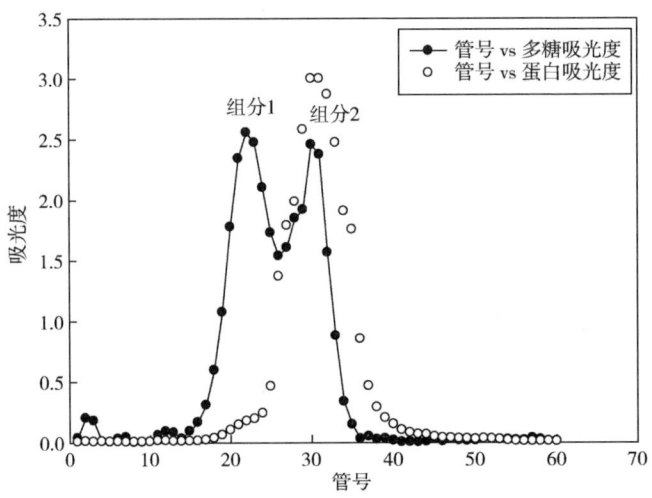

图3-2　废弃烟叶多糖柱层析结果图

3.2　废弃烟叶多糖的结构分析

3.2.1　GC/MS法分析废弃烟叶多糖的单糖组成

3.2.1.1　GC/MS法处理多糖样品

准确称取精制多糖0.005g于具塞试管中，加入2mol/L的三氟乙酸3mL，塞上塞子，121℃下水解2h；然后，用0.22μm的有机系滤膜过滤，取清液2mL，蒸干，加入吡啶1.5mL、衍生试剂BSTFA∶TMCA（99∶1）0.1mL；于室温密闭保存24h，即可用于进样分析。

色谱条件：HP-5色谱柱60m×0.25mmol/L×0.25μm；载气为氦气，流速为1mL/min；程序升温80℃，保持1min，以5℃/min的速度升温至280℃并保持20min。进样量为1μL，分流比为5:1。

MS分析条件：溶剂延迟7min，扫描范围35~455aum，进样口280℃，传输线温度280℃，EI能量70eV，离子源温度230℃，四极杆温度160℃。

3.2.1.2 废弃烟叶多糖的单糖组成

对废弃烟叶多糖的两个组分Fr-Ⅰ和Fr-Ⅱ分别进行单糖分析，结果如表3-2和表3-3所示。由表3-2可以看出，Fr-Ⅰ中主要单糖成分为D-木糖33.70%、L-鼠李糖15.88%、D-半乳糖8.32%，而D-葡萄糖和D-甘露糖的含量则相对较少，分别为0.23%和0.70%。同样的，由表3-3可以看出，Fr-Ⅱ中主要单糖成分为D-葡萄糖26.57%、L-鼠李糖17.87%、L-甘露糖9.80%，而D-半乳糖和D-阿拉伯糖含量相对较少，分别为1.00%和0.88%。

表3-2　　　　　　　　　Fr-Ⅰ气相色谱分析

序号	保留时间/min	化合物名称	含量/%
1	24.71	L-鼠李糖	15.88
2	27.67	D-(-)-呋喃核糖	2.71
3	28.89	脱氧呋喃核糖	3.61
4	29.80	D-半乳糖	8.32
5	29.91	D-木糖	33.70
6	30.44	D-葡萄糖	0.23
7	30.65	D-甘露糖	0.70
8	30.79	阿拉伯呋喃糖苷	7.78
9	30.90	塔罗吡喃糖	2.15

表3-3　　　　　　　　　Fr-Ⅱ气相色谱分析

序号	保留时间/min	化合物名称	含量/%
1	24.71	L-鼠李糖	17.87
2	29.79	D-半乳糖	1.00
3	29.88	D-阿拉伯糖	0.80

续表

序号	保留时间/min	化合物名称	含量/%
4	30.43	D-葡萄糖	26.57
5	30.75	L-甘露糖	9.88
6	30.90	塔罗吡喃糖	14.81
7	31.58	D-(-)-呋喃核糖	4.88

3.2.2 废弃烟叶多糖的红外光谱分析

废弃烟叶多糖组分 Fr-Ⅰ 和组分 Fr-Ⅱ 的红外光谱图分别如图 3-3 和图 3-4 所示。首先，3308.3cm^{-1} 和 3293.0cm^{-1} 处吸收峰是由多糖中 O—H 的伸缩振动引起的；2923.3cm^{-1} 和 2928.0cm^{-1} 处的吸收峰是由—CH$_3$ 不对称伸缩引起的；2360.8cm^{-1} 和 2361.1cm^{-1} 处吸收峰为 C≡N 或 C≡C 的伸缩振动；1605.6cm^{-1} 和 1592.4cm^{-1} 处的吸收峰可能是—COO—中 C═O 的非对称伸缩振动引起的；1413.2cm^{-1}、1378.9cm^{-1}、1369.7cm^{-1} 处是由多糖中的 C—H 的变角振动引起的；1248.5cm^{-1} 处有强吸收峰说明有乙酰基存在；1200~1000cm^{-1} 的强吸收峰是吡喃糖环的醚键（C—O—C）和羟基的吸收峰；910~880cm^{-1} 处有吸收但分离效果不好，说明两个组分应有 β-糖苷键；792cm^{-1}

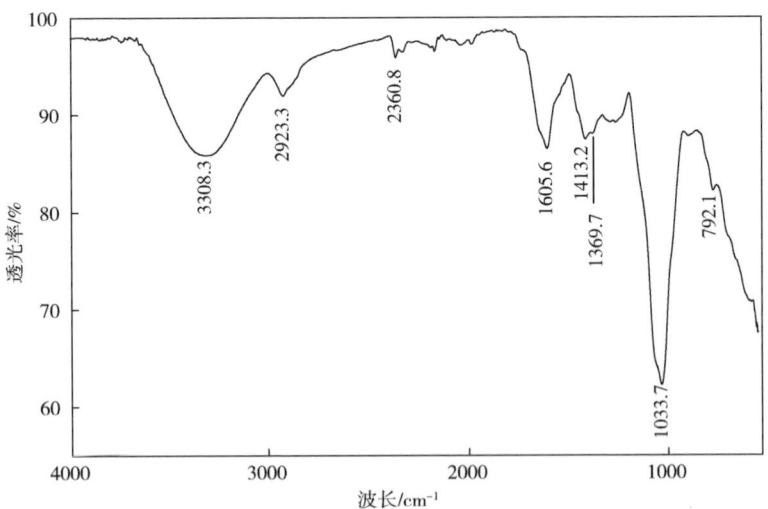

图 3-3 Fr-Ⅰ 红外光谱图

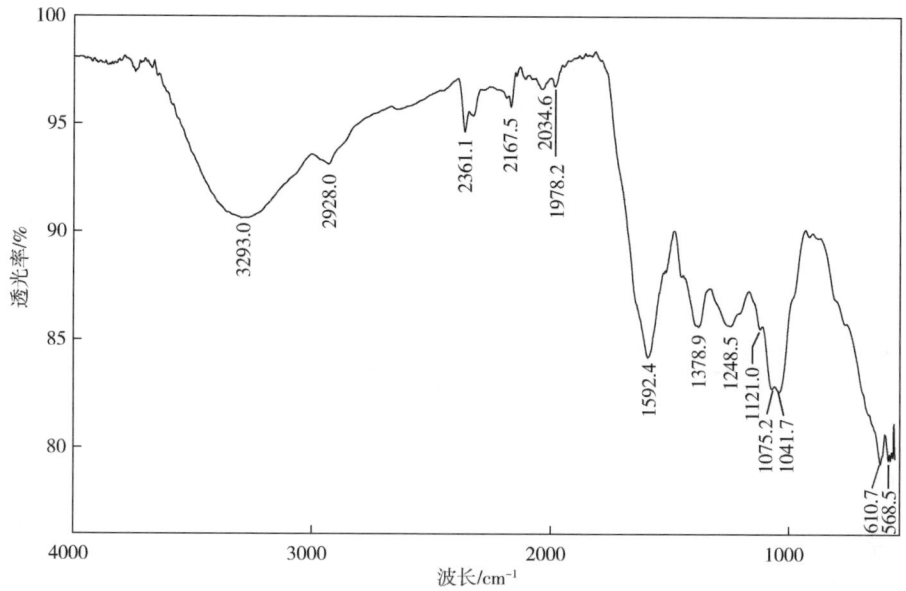

图 3-4　Fr-Ⅱ红外光谱图

处是具有甘露糖结构的特征峰；610.7cm^{-1}、568.5cm^{-1}可能是溶剂残留峰。分析可知，两个多糖组分经红外光谱分析均有典型糖类物质的特征吸收峰，1650~1500cm^{-1}有吸收谱带，说明两个组分都可能有蛋白质存在，推测其Fr-Ⅰ可能是一种含蛋白的 β-吡喃型酸性甘露糖，Fr-Ⅱ可能是一种部分乙酰化的酸性多糖。

3.2.3　激光光散射对废弃烟叶多糖的初步表征

Fr-Ⅰ样品在90°角，15℃测量温度下进行测定。由动态光散射法计算出的平均粒径是27.337nm，多分散性指数是0.5098，粒径分布如图3-5所示，Fr-Ⅰ的分布较宽，从 $2×10^{-3}$ ~1μm 都有分布，但平均粒径在27nm。

Fr-Ⅱ样品在90°角，15℃测量温度下进行测量，并由动态光散射法计算出的平均粒径是77.446nm，多分散性指数是0.3129，粒径分布如图3-6所示，Fr-Ⅱ样品分布较窄，有很少一部分粒径在几纳米，其他则是在100nm左右，平均粒径是73nm。

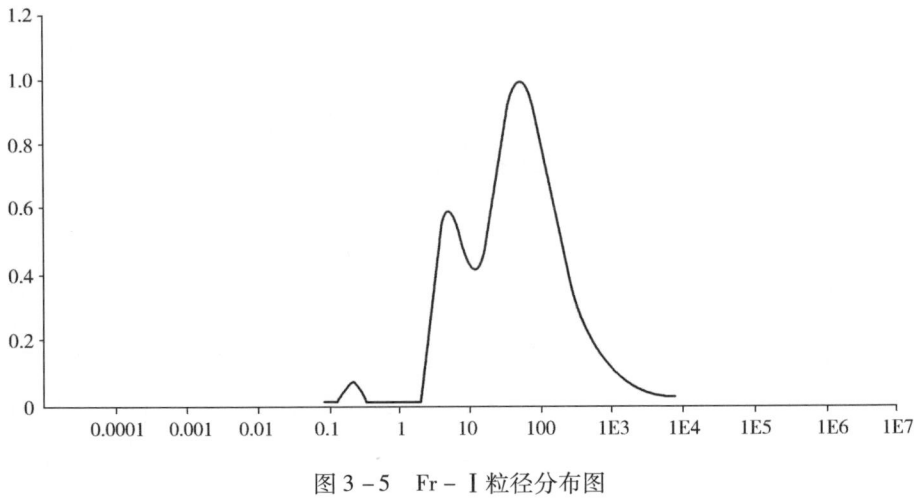

图 3-5 Fr-Ⅰ粒径分布图

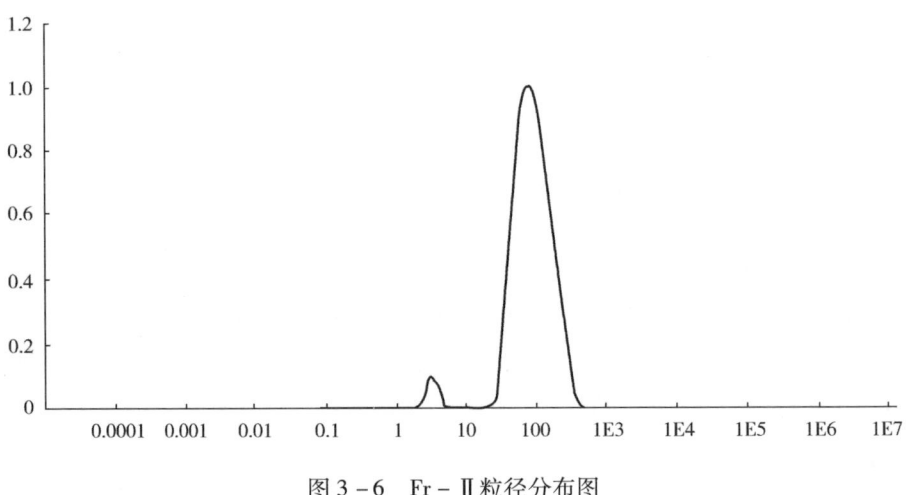

图 3-6 Fr-Ⅱ粒径分布图

3.3 废弃烟叶多糖的抗氧化性研究

3.3.1 废弃烟叶多糖抗氧化性检测方法

3.3.1.1 邻二氮菲法测定低次烟叶多糖清除 OH 自由基的能力

取 10mL 试管 12 支,试验组 10 支中分别加入磷酸缓冲液 1mL,7.5mmol/L 的 1,10-二氮杂菲溶液 1mL,3.25mmol/L $FeSO_4$ 溶液 1mL,1.5% H_2O_2 1mL,以及不同浓度的多糖溶液各 2mL。调零组以蒸馏水代替多糖溶液;对照组以蒸馏水代替多糖溶液和 1.5% H_2O_2。充分混匀后 37℃恒温放置 1h,用调零组调零,在 510nm 波长下测定各组的吸光度值。每个试管至少平行 3 次,取其平均值,如式(3-1)所示。

$$\cdot OH \text{ 清除率} = A_i/A_j \times 100\% \qquad (式3-1)$$

式中　A_i——试验组的吸光度值;

　　　A_j——对照组的吸光度值。

3.3.1.2　DPPH 法检测低次烟叶多糖清除·DPPH 的能力

三支试管分别加入:①2mL 多糖溶液与 2mL 0.1g/L 的·DPPH 50% 乙醇溶液,②2mL 0.1g/L 的·DPPH 50% 乙醇溶液与 2mL 蒸馏水,③2mL 多糖溶液及 2mL 50% 乙醇,于 25℃ 放置 1h,以 50% 乙醇溶液为空白在 517nm 波长下测定其吸光度。①号试管测得 A_i,②号试管测得 A_0,③号试管测得 A_j。

计算粗多糖对·DPPH 的清除率,如式(3-2)所示。

$$\cdot DPPH \text{ 清除率} = [1 - (A_i - A_j)/A_0] \times 100\% \qquad (式3-2)$$

3.3.1.3　ABTS 法测定低次烟叶多糖的总抗氧化能力

ABTS 溶液和氧化剂溶液按 1:1 的比例混匀,即 ABTS 工作母液,室温避光存放 12~16h 后备用。用 pH 为 7.2 的磷酸缓冲液将 ABTS 工作母液稀释 100 倍,即为 ABTS 工作液。于 96 孔板的检测孔中,分别加入 20μL ABTS 工作液。然后,于样品检测孔内各加入 10μL 不同浓度的多糖样品,空白对照孔中加入 10μL 蒸馏水 pH7.2 的磷酸缓冲液;标准曲线检测孔内各加入 10μL 不同浓度的 Trolox 标准溶液,轻轻混匀。于超微量分光光度计上,室温孵育 2~6min,测定 734nm 处的吸光度 A_{734},根据标准曲线计算出样品的总抗氧化能力。

3.3.2　废弃烟叶多糖的抗氧化性分析

以标准品 Trolox 的浓度为横坐标,吸光度值为纵坐标,绘制标准曲线得回归方程:$y = -0.3313x + 0.2498$,$R^2 = 0.9946$。

所得结果如图 3-7 所示。由试验结果可以得出,低次烟叶多糖在较低浓度的时候就会产生清除羟基自由基的活性。随着浓度的增高,清除羟基自由基的能力进一步加强,当浓度为 4mg/mL 时,低次烟叶多糖的羟基自由基的清除率已经达到 54.8%,当浓度为 10mg/mL 时为 69.4%,如图 3-7(1)所示。在 DPPH 自由基清除试验中,低次烟叶多糖对 DPPH 自由基的清除效率在一定的浓度范围内和多糖浓度呈一定的量效关系,即随着低次烟叶多糖浓度的增加,低次烟叶多糖对 DPPH 自由基的清除率也逐步增加。当浓度为

0.9mg/mL 时清除率达到 80.81%，如图 3-7（2）所示。而在 ABTS 法试验中，在低次烟叶多糖浓度为 6mg/mL 时，其清除 ABTS 自由基的能力与 0.617mmol/L Trolox 相等，如图 3-7（3）所示。以上结果表明，低次烟叶多糖具有较好的自由基清除能力，是一种很好的抗氧物质，这为低次烟叶的潜在使用价值提供了一定理论基础。

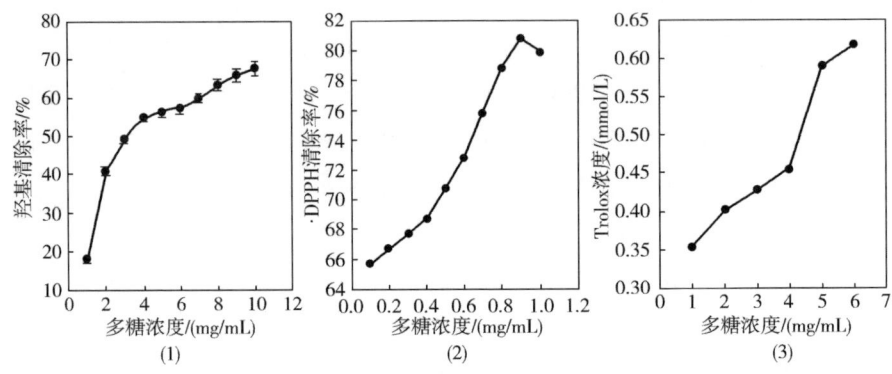

图 3-7　低次烟叶多糖抗氧化性能效应图

3.4　小　　结

本章采用超声波辅助法提取低次烟叶中的水溶性多糖，通过单因素试验，研究了功率、时间、液料比、温度 4 个因素对低次烟叶多糖提取率的影响，并进一步通过正交试验设计对多糖提取工艺条件进行优化；同时，考查了低次烟叶多糖的对 OH 自由基、DPPH 自由基的清除能力，通过 ABTS 法测定了低次烟叶粗多糖的体外总抗氧化能力，研究表明，此多糖具有较好的抗氧化生物活性。利用 Sepharose CL-6B 羧甲基琼脂糖凝胶柱对得到的粗多糖进行纯化分离，初步分离纯化显示其含有两个不同分子质量的多糖组分 Fr-Ⅰ和 Fr-Ⅱ。气相分析 Fr-Ⅰ主要单糖组成为 D-木糖、L-鼠李糖和 D-半乳糖，Fr-Ⅱ主要单糖组成为 D-葡萄糖、L-鼠李糖和 L-甘露糖。通过红外光谱分析，推测 Fr-Ⅰ可能是一种含蛋白的 β-吡喃型酸性甘露糖，Fr-Ⅱ可能是一种部分乙酰化的酸性多糖。由动态光散射法计算出 Fr-Ⅰ的平均粒径是 27.337nm，多分散性指数是 0.5098；Fr-Ⅱ平均粒径是 77.446nm，多分散性指数是 0.3129。以上结论为低次烟叶的多糖的潜在应用提供了重要的理论参考。

4 打顶废弃烟叶蛋白质的提取及酶解抗氧化性研究

打顶废弃烟叶蛋白质水解多肽活性研究,使用胰蛋白酶、木瓜蛋白酶、复合蛋白酶对烟叶蛋白质进行水解,并对烟叶蛋白多肽进行·DPPH 清除研究,获得·DPPH 清除率最高的烟叶蛋白多肽,其对·DPPH 清除率最高为 43.51%,酶解条件为木瓜蛋白酶,酶解温度 50℃,酶解时间 2h,加酶量 3%,pH = 8。

4.1 废弃烟叶蛋白质的提取

称取 50g 烟叶粉末,加入 pH 为 8 的 $Na_2HPO_4 - NaH_2PO_4$ 缓冲液 500mL,机械搅拌器搅拌 24h,10000r/min、4℃离心 10min,取上清液,重复一次,合并上清液,往上清液中逐滴加入 85% H_3PO_4,搅拌,将 pH 调至 3.0,放置 8h,10000r/min、4℃离心 10min,取沉淀部分,冷冻干燥,得到烟叶蛋白质。

4.2 酶解条件对烟叶蛋白质水解度的影响

4.2.1 烟叶蛋白质的酶解试验

试验分为三个组,分别为胰蛋白酶组、木瓜蛋白酶组、复合蛋白酶组,每组再分别进行酶解单因素试验。

温度对蛋白质水解度的影响:取 60mg 烟叶蛋白质,加入 3mL 水溶解,调 pH 到每组不同酶的最适值,分别为胰蛋白酶 pH 为 10,木瓜蛋白酶 pH 为 7,复合蛋白酶 pH 为 7,预热 5min,对应加入 3% 的不同的酶,酶解时间 2h,温度分别为 30℃、40℃、50℃、60℃进行反应。

时间对蛋白质水解度的影响:将酶解温度设置为 50℃,酶解时间分别为 0.5h、1h、2h、3h、4h,其他条件与上述相同。

加酶量对蛋白质水解度的影响：将酶解温度设置为50℃，酶解时间2h，加酶量分别为2%、3%、4%、5%、6%，其他条件与上述相同。

pH对蛋白质水解度的影响：将酶解温度设置为50℃，酶解时间2h，加酶量3%，胰蛋白酶组pH分别为7、8、9、10、11、12，木瓜蛋白酶组pH分别为5、6、7、8、9，复合蛋白酶组pH分别为4、5、6、7、8、9，其他试验条件与上述相同。

4.2.2 烟叶蛋白质水解液水解度的测定

完全水解蛋白液的制备：取烟叶蛋白100mg，放入40mL耐压瓶中，加入5mL 6mol盐酸，拧紧瓶盖，110℃油浴中水解24h，冷却，过滤，滤液旋转蒸发至蒸干，加蒸馏水50mL左右，用1mol/L NaOH中和至pH为6，定容至100mL。

烟叶蛋白质水解液水解度的测定：试验组：取烟叶完全水解蛋白液0.2mL、0.4mL、0.6mL、0.8mL、1.0mL于试管中，蒸馏水补至4.0mL，加pH8缓冲溶液1.0mL，茚三酮溶液1.0mL，混匀，沸水浴加热15min，冷却，蒸馏水稀释至10mL，570nm测定吸光度（水作参比）。对照组：另取100mg蛋白，加水100mL，振荡均匀后过滤，取相应体积的滤液，按上述方法测定吸光度值。相同体积样品的吸光度之差与烟叶蛋白的质量做工作曲线，取线性部分做标准曲线。

水解液水解度的测定：取水解后灭酶的水解液1mL，稀释至50mL，过滤，取滤液1mL，加水至4mL，上述茚三酮法反应，570nm处测定吸光度值（水作参比）。另取同种未水解烟叶蛋白溶液1mL，按上述方法测定吸光度，以二者吸光度之差从烟叶蛋白水解液中蛋白质浓度与吸光度标准曲线上计算得到蛋白质含量，计算水解度（DH），如式（4-1）所示：

$$DH(\%) = \frac{A}{1000 \times W} \times V_1 \times 50 \times 100 \qquad (式4-1)$$

式中 A——计算得到蛋白质的质量，mg；

W——称样重，g；

V_1——水解液的总体积，mL。

4.2.3 不同酶解条件对烟叶蛋白质水解度的影响结果

图4-1为不同酶解条件对烟叶蛋白水解度的影响，其中（1）为温度对烟叶蛋白水解度的影响，（2）为酶解时间对烟叶蛋白水解度的影响，（3）为

加酶量对烟叶蛋白水解度的影响，(4) 为 pH 对烟叶蛋白水解度的影响。

图 4-1 (1) 中胰蛋白酶对蛋白质的水解度随酶解温度的升高先增加后减少，在 50℃左右达到最高值 34.40%，木瓜蛋白酶在 50℃左右达到最高值 41.72%，复合蛋白酶在 40~60℃范围内对烟叶蛋白质的水解变化不明显，从节约能源考虑，取 40℃为最适温度。

图 4-1 (2) 中随酶解时间的延长，三种酶对烟叶蛋白的水解度都有所增加。胰蛋白酶组中烟叶蛋白质的水解度 2h 以后几乎不变，最适酶解时间为 2h。木瓜蛋白酶组在酶解时间为 0.5h 时，烟叶蛋白水解度已经达到较高的水平 39.65%。复合蛋白酶组烟叶蛋白的水解度在 3h 后达到较高水平 43.99%，需要的反应时间比较长。

图 4-1 (3) 可以看出胰蛋白酶的最适加酶量均为底物质量的 5%，木瓜蛋白酶为 3%，复合蛋白酶为 5%。

图 4-1 (4) 看出胰蛋白酶的最适 pH 为 10，木瓜蛋白酶的最适 pH 为 8，复合蛋白酶的最适 pH 为 7。

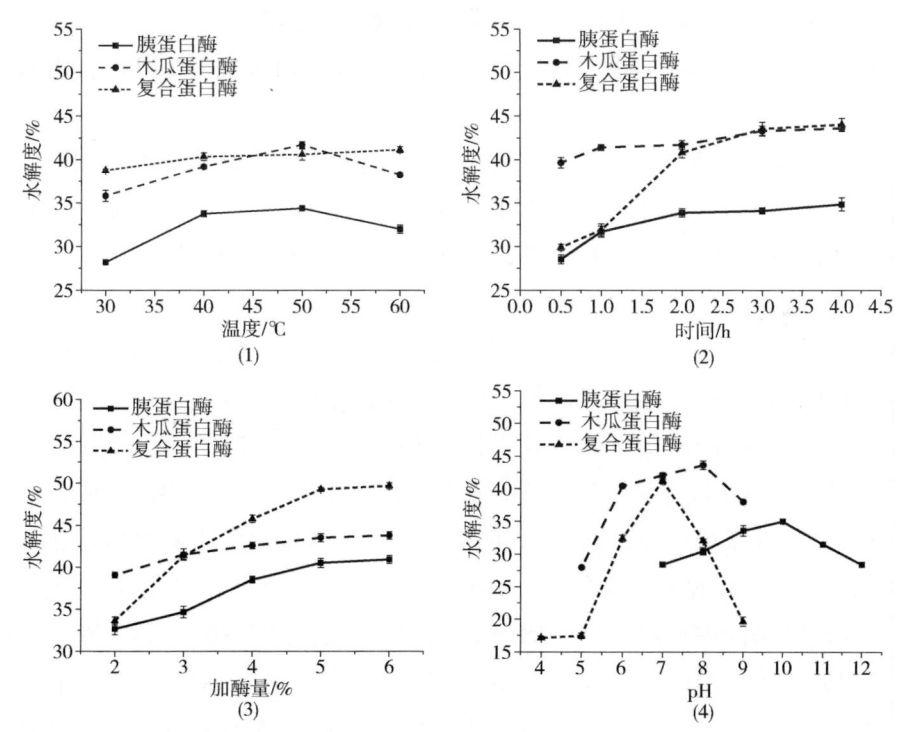

图 4-1 不同酶解条件对烟叶蛋白水解度的影响

4.3 不同酶解条件对酶解产物的 DPPH 自由基清除能力

4.3.1 DPPH 自由基清除能力测定

对不同条件下的蛋白质水解液稀释 50 倍，测定其 DPPH 清除能力。取 3 支试管，1 支为试验组，1 支为对照组，1 支为空白组。试验组加 1mL 蛋白质水解液，3mL DPPH 溶液，漩涡振荡器混匀，避光放置 30min，以 50% 乙醇溶液调零，于 517nm 处测定其吸光度，记为 A_i；对照组加入 1mL 蒸馏水，3mL DPPH 溶液，方法同上，测得吸光度记为 A_0；空白组加 1mL 蛋白质水解液，3mL 50% 乙醇，测得吸光度记为 A_j。每组试验设置三次平行。不同条件下的蛋白质水解液设置一组试验。蛋白质水解液对·DPPH 清除率的计算公式如（4-2）所示。

$$\cdot DPPH\ 清除率 = [1 - (A_i - A_j)/A_0] \times 100\% \qquad (式4-2)$$

4.3.2 不同酶解条件对烟叶蛋白多肽抗氧化性的影响

如图 4-2 所示为不同酶解条件下获得的烟叶蛋白多肽对 DPPH 自由基清除能力。

图 4-2（1）所示，胰蛋白酶组烟叶蛋白多肽的 DPPH 自由基的清除能力均很低；木瓜蛋白酶组烟叶蛋白多肽对 DPPH 自由基的清除率在温度为 40℃ 时达到最高值 43.51%，也就是说，其他条件不变时，温度为 40℃ 时木瓜蛋白酶对烟叶蛋白质的水解产物抗氧化性最佳；复合蛋白酶组在 50℃ 时达到最高值 28.55%。图 4-2（2）中可以看出随着酶解时间的增加，胰蛋白酶组的多肽·DPPH 清除率差异仍不显著，且抗氧化性很低；木瓜蛋白酶组在 2h 左右产生的烟叶蛋白多肽的·DPPH 清除率最高，为 43.02%。复合蛋白酶组，随时间增加抗氧化性先增加后减少，在酶解时间为 1h 时，获得的烟叶蛋白多肽·DPPH 清除率最高为 36.71%。图 4-2（3）胰蛋白酶组的多肽变化与之前相似；木瓜蛋白酶组和复合蛋白酶组在加酶量大于 3% 时产生的烟叶蛋白多肽的·DPPH 清除率相似，3% 加酶量时清除率分别为 27.70% 和 43.30%；图 4-2（4）胰蛋白酶组的烟叶蛋白多肽 DPPH 自由基清除率很低，pH 的变化对其影响不大；木瓜蛋白酶组在 pH 为 7 时，清除率达到最高值为 44.87%；复合蛋白酶组在 pH 为 6~8 时，清除率变化不显著，pH 为 8 时，清除率

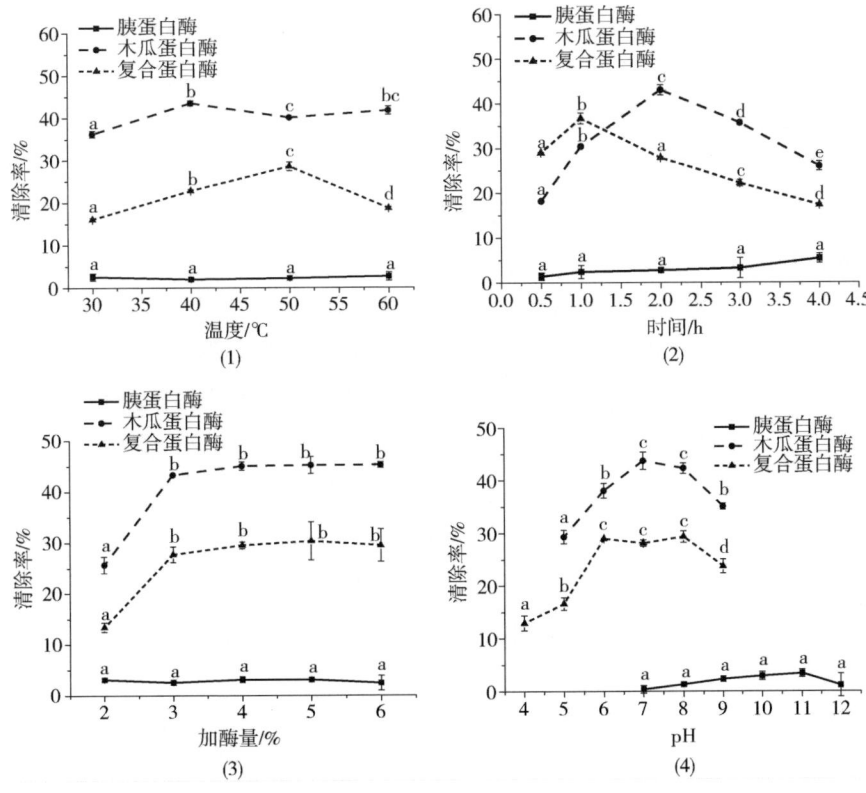

图 4-2 不同酶解条件下获得烟叶蛋白多肽对 DPPH 自由基清除能力

(图中相同字母表示差异不显著，不同字母表示差异显著)

为 29.33%。

虽然木瓜蛋白酶和复合蛋白酶的酶活力不同，但是在高于 3% 的加酶量后对·DPPH 的清除率变化不明显，说明在试验条件（3% 的加酶量）下烟叶蛋白多肽的·DPPH 清除率达到最高水平，也就是相同条件下可以不考虑两种酶酶活力不同对 DPPH 自由基清除率的影响。

综合可知，得到的烟叶蛋白多肽 DPPH 自由基清除率，木瓜蛋白酶组最高为 43.51%，对应的烟叶蛋白酶解条件为酶解温度 40℃，酶解时间 2h，加酶量 3%，pH 为 7。

4.4 小　　结

（1）使用胰蛋白酶、木瓜蛋白酶、复合蛋白酶对烟叶蛋白质进行水解，并优化烟叶蛋白水解条件。胰蛋白酶的酶解最优条件为：酶解温度为50℃，酶解时间为2h，加酶量为底物的5%，酶解pH为10。木瓜蛋白酶的酶解最优条件为：酶解温度为50℃，酶解时间为1h，加酶量为底物的5%，酶解pH为8。复合蛋白酶的酶解最适温度为50℃，酶解时间为3h，加酶量为底物的5%，pH为7。通过单因素试验可以得到不同烟叶蛋白质水解度所需的试验条件，从而为后续试验提供支持。

（2）最后对烟叶蛋白多肽进行①·DPPH清除研究，获得①·DPPH清除率最高的烟叶蛋白多肽。①·DPPH抗氧化性分析表明，不同蛋白酶对烟叶蛋白水解产生的多肽①·DPPH清除能力不同，胰蛋白酶产生的烟叶蛋白多肽几乎没有①·DPPH清除能力；烟叶蛋白多肽的①·DPPH清除率最高为43.51%，酶解条件为木瓜蛋白酶，酶解温度50℃，酶解时间2h，加酶量3%，pH为8下水解烟叶蛋白获得。试验对烟叶蛋白酶解条件进行优化，并对获得的烟叶蛋白多肽进行抗氧化分析，得到具有较高生物活性的多肽，为烟叶蛋白的利用及烟叶蛋白多肽生物活性的进一步研究提供理论依据。

第2部分 Part 2
烟草废弃物香味成分的提取及利用

5 烟草花蕾精油的提取及活性分析

水蒸气蒸馏法提取不同产地烟草花蕾精油的最佳工艺条件虽然不相同,但是差异不大。在最佳工艺条件下,各产地的烟草花蕾精油提取率不同,重庆奉节、云南文山、广西贺州和贵州正安的精油提取率分别为 0.566%、0.574%、0.614%、0.565%。四种产地的精油对细菌均有一定的抑菌性,其抑菌能力大小依次为云南文山>广西贺州>重庆奉节>贵州正安,对真菌的抑菌效果无明显差异,抑菌效果较差。抗氧化试验中,四种产地的烟草花蕾精油均具有一定的抗氧化能力,基本上呈现出抗氧化能力随着浓度的升高而增强的趋势。其中,贵州正安烟草花蕾精油清除·DPPH 和还原能力测定的试验效果最好,重庆奉节烟草花蕾精油清除·OH 的效果最好,广西贺州烟草花蕾精油清除 O^{2-} 的效果最好。利用 GC-MS 对精油进行挥发性成分分析可知,烟草花蕾精油中含有大量的挥发性成分。这些挥发性成分中,含有多种具有抑菌抗氧化能力的香味成分,如香叶基香叶醇、吲哚、氧化石竹烯、β-4,8,13-杜法三烯-1,3-二醇等。利用喷涂法将烟草花蕾精油在卷烟上进行加香,结果表明,加香比例为 0.02% 的烟草花蕾精油的感官效果最好。其中,云南文山烟草花蕾精油对卷烟加香的影响效果最好。采用感官评吸法,对烟草花蕾精油在电子烟液中的应用做了初步探讨,得到一个初步的电子烟液配方。即雾化剂的配比为水:丙二醇:丙三醇(体积比)= 1:6:3,雾化剂:精油(体积比)= 8:2,烟碱添加量依个人口味添加,一般选择 6mg/mL。

5.1　水蒸气蒸馏法提取烟草花蕾精油的工艺条件优化

5.1.1　水蒸气蒸馏制备烟草花蕾精油的方法

称取一定质量的样品置于烧瓶中,加入一定量的氯化钠和蒸馏水,混合均匀后,加入几颗玻璃珠,烧瓶置于超声清洗机中超声浸泡一定时间后,将烧瓶与水蒸气蒸馏装置连接固定好后,打开电热套开关,从有馏出液滴出第一滴时开始计时,蒸馏4h后停止加热,待冷却后,将水分从分离器下端放出。用移液枪收集油层,并用热水冲洗提取器三次,将冲洗液与油层合并,待冷却后再将下层水除去,最后加入无水硫酸钠彻底除去水分得到烟草花蕾精油。将制备好的精油置于4℃冷藏室中冷藏,备用。

该方法的工艺流程图如图5-1所示。

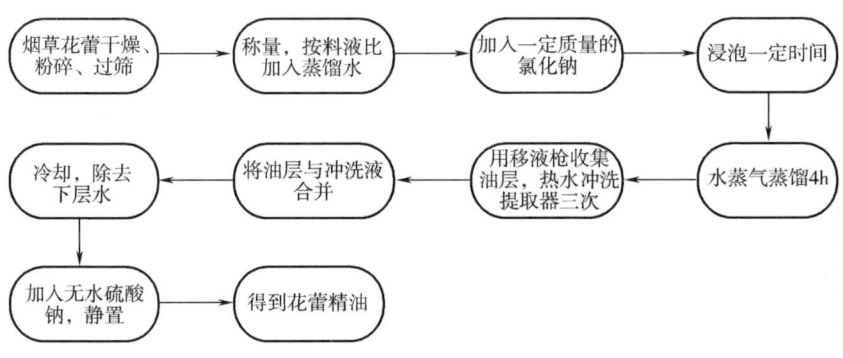

图5-1　水蒸气蒸馏法提取烟草花蕾精油流程图

称量旋转蒸发瓶的质量,记为 m_2,然后将合并后的二氯甲烷—精油混合物置于旋蒸瓶中,进行旋转蒸发,待二氯甲烷蒸发完全后再次进行称量,连续三次质量不变,记为 m_1。

烟草花蕾精油提取率 Q 的计算如式(5-1)所示:

$$Q = (m_1 - m_2)/m \times 100\% \quad \text{(式5-1)}$$

式中　m_1——烟草花蕾精油与旋蒸瓶的总质量,g;

　　　m_2——旋蒸瓶的质量,g;

　　　m——烟草花蕾质量,g。

5.1.2 不同提取条件对烟草花蕾精油提取率的影响

5.1.2.1 不同提取条件试验方法

(1) 氯化钠浓度（质量分数）对烟草花蕾精油提取率的影响 称取 30g 的烟草花蕾，在料液比（m/V）为 1∶20，超声浸泡 1.5h，蒸馏时间为 4h，氯化钠溶液浓度（质量分数）分别为 6%、8%、10%、12%、14% 的条件下，研究氯化钠浓度对烟草花蕾精油提取率的影响。

(2) 料液比（m/V）对精油提取率的影响 称取 30g 的烟草花蕾粉末，在氯化钠溶液浓度（质量分数）为 12%，超声浸泡 1.5h。料液比分别为 1∶12、1∶15、1∶20、1∶25、1∶30，蒸馏时间 4h 的条件下，料液比烟草花蕾精油提取率的影响。

(3) 超声浸泡时间对精油提取率的影响 量取 30g 的烟草花蕾粉末，在料液比（m/V）为 1∶25，氯化钠浓度（质量分数）为 12%，超声浸泡时间分别 0.5h、1h、1.5h、2h、2.5h。蒸馏时间为 4h 的条件下研究超声浸泡时间对烟草精油提取率的影响。

5.1.2.2 不同提取条件对重庆奉节烟草花蕾精油提取率的影响

根据单因素试验方法，分别研究了氯化钠浓度（质量分数）、料液比（m/V）、超声浸泡时间对重庆奉节云烟87烟草花蕾精油的提取率的影响。试验结果如图 5-2 所示。

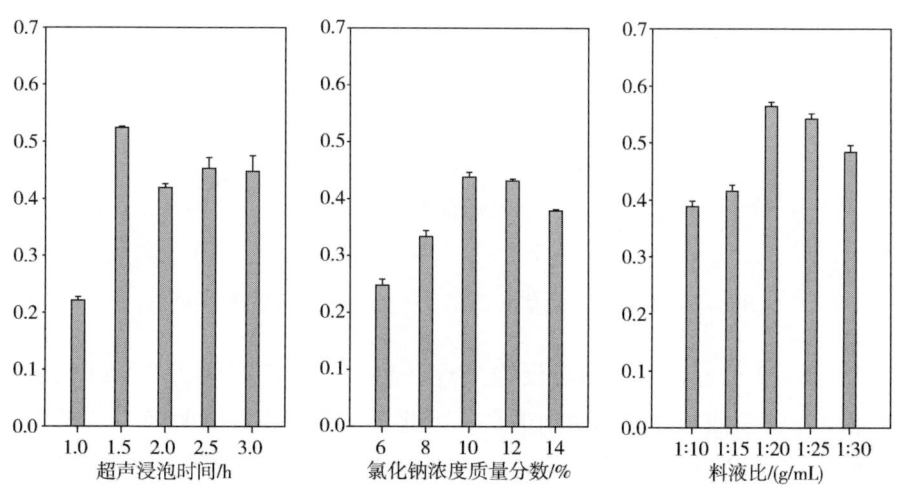

图 5-2 重庆奉节云烟87烟草花蕾精油提取率的影响因素

由图5-2可见，随着氯化钠浓度的增加，提取率先上升，氯化钠浓度在10%时，对于精油的提取率是最高的，当提取率达到峰值以后，提取率随着氯化钠浓度的增加而降低。随着浸渍时间的延长，精油提取率呈现上升趋势，在浸渍时间为1.5h时达到巅峰，随后提取率呈略微下降而持平的走势。在料液比从1:10增加到1:20的时候精油提取率有所上升，并达到顶峰，然后随着浓度的增加，精油提取率呈现下降趋势。因此，氯化钠浓度选取8%、10%、12%三个水平，料液比分别选取1:20、1:25、1:30三个水平，超声浸泡时间分别选取1.5、2.0、2.5h三个水平，以此来进行正交设计。

5.1.2.3 不同提取条件对贵州正安烟草花蕾精油提取率的影响

同理，采用单因素试验法分别研究了氯化钠浓度（质量分数）、料液比（m/V）、超声浸泡时间对贵州正安云烟87烟草花蕾精油的提取率的影响。试验结果如图5-3所示。

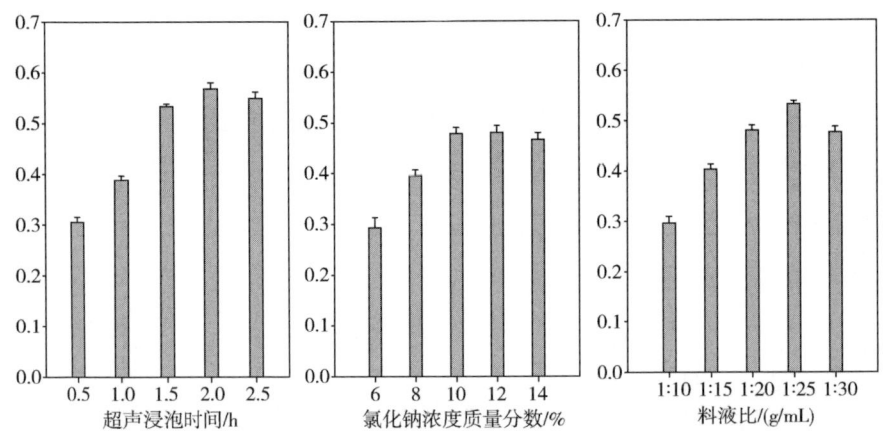

图5-3 贵州正安烟草云烟87花蕾精油提取率的影响因素

由图5-3可见，通过超声浸泡处理，当超声浸泡时间为2.0h时，贵州正安烟草花蕾精油的提取率达到最高，因此，选择超声浸泡时间为1.5、2.0、2.5h作为正交试验设计中超声浸泡时间的三个水平。同理，当氯化钠浓度（质量分数）为10%和12%时，贵州正安烟草花蕾精油的提取率达到最高。当料液比为1:25时，贵州正安烟草花蕾精油的提取率达到最高。因此，氯化钠浓度（质量分数）分别选取 10%、12%、14% 三个水平；料液比分别选取 1∶20、1∶25、1∶30 三个水平，以此来进行正交设计。

5.1.2.4 不同提取条件对云南文山烟草花蕾精油提取率的影响

采用单因素试验法分别研究了氯化钠浓度（质量分数）、料液比（m/V）、超声浸泡时间对云南文山云烟 87 烟草花蕾精油的提取率的影响。

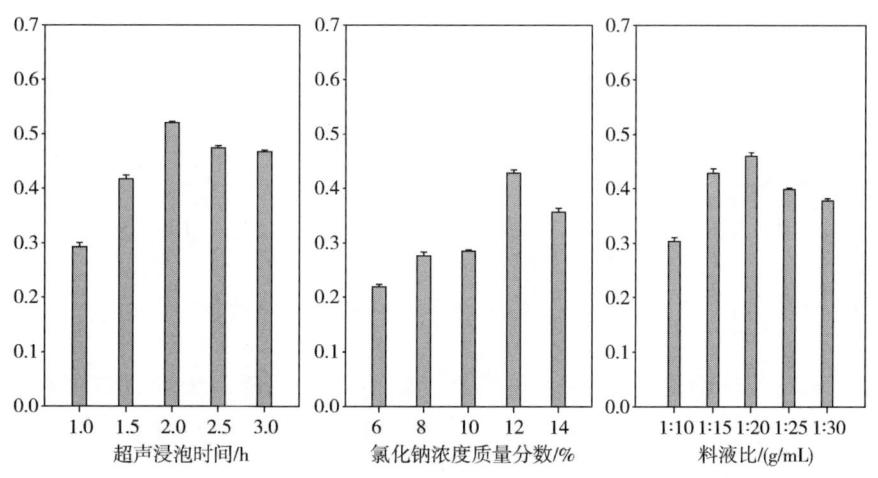

图 5-4　云南文山烟草花蕾精油提取率的影响因素

由图 5-4 可见，通过超声浸泡处理，当超声浸泡时间为 2.0h 时，云南文山烟草花蕾精油的提取率达到最高，随后略有下降，因此，选择超声浸泡时间为 2.0、2.5、3.0h 作为正交试验设计中超声浸泡时间的三个水平。同理，当氯化钠浓度（质量分数）为 12% 时，云南文山烟草花蕾精油的提取率达到最高。当料液比为 1∶20 时，贵州正安烟草花蕾精油的提取率达到最高。因此，氯化钠浓度（质量分数）分别选取 10%、12%、14% 三个水平；料液比分别选取 1∶15、1∶20、1∶25 三个水平，以此来进行正交设计。

5.1.2.5 不同提取条件对广西贺州烟草花蕾精油提取率的影响

采用单因素试验法分别研究了氯化钠浓度（质量分数）、料液比（m/V）、超声浸泡时间对广西贺州云烟 87 烟草花蕾精油的提取率的影响。试验结果如图 5-5 所示。

由图 5-5 可见，通过超声浸泡处理，当超声浸泡时间为 2.5h 时，广西

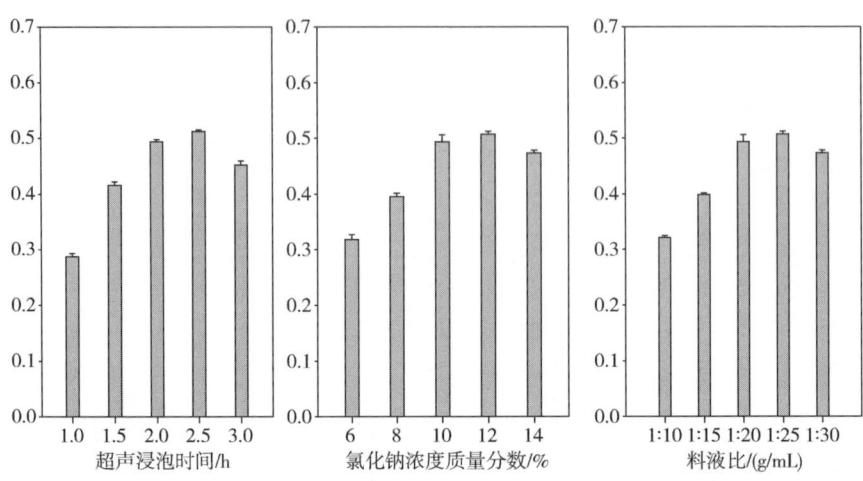

图 5-5 广西贺州云烟 87 烟草花蕾精油提取率的影响因素

贺州烟草花蕾精油的提取率达到最高,随后略有下降,因此,选择超声浸泡时间为 2.0、2.5、3.0h 作为正交试验设计中超声浸泡时间的三个水平。同理,当氯化钠浓度(质量分数)为 12% 时,广西贺州烟草花蕾精油的提取率达到最高。当料液比为 1∶25 时,贵州正安烟草花蕾精油的提取率达到最高。因此,氯化钠浓度(质量分数)分别选取 10%、12%、14% 三个水平;料液比分别选取 1∶20、1∶25、1∶30 三个水平,以此来进行正交设计。

5.1.3 正交设计试验确定烟草花蕾精油最优提取条件

根据单因素试验结果,选择氯化钠浓度(质量分数)、料液比(g/mL)、超声浸泡时间三个因素设计正交试验,每个因素选取三个水平,进行 $L_9(3^4)$ 正交试验。

5.1.3.1 重庆奉节烟草花蕾精油提取率的正交优化结果

依据单因素试验的结果,选择超声浸泡时间、氯化钠浓度、料液比三个影响成分进行正交试验设计,每一个因子选择三个水平,按照 $L_9(3^4)$ 进行正交试验。试验的因素水平表如表 5-1 所示,正交结果如表 5-2 所示,正交试验方差分析如表 5-3 所示。

表5–1 水蒸气蒸馏法制备重庆奉节烟草花蕾精油正交试验因素水平表

水平	因素			
	A NaCl 浓度 （质量分数）/%	B 料液比（m/V） /（g/mL）	C 超声浸泡时间 /h	D 空白
1	8	1∶20	1.5	—
2	10	1∶25	2	—
3	12	1∶30	2.5	—

表5–2 水蒸气蒸馏法制备重庆奉节烟草花蕾精油正交试验结果

试验号	A NaCl 浓度	B 料液比	C 超声浸泡时间	D 空白	提取率 /%
1	1	1	1	1	0.365
2	1	2	2	2	0.516
3	1	3	3	3	0.387
4	2	1	3	3	0.439
5	2	2	2	1	0.498
6	2	3	1	2	0.566
7	3	1	3	2	0.255
8	3	2	1	3	0.458
9	3	3	2	1	0.357
K_1	1.268	1.059	1.389	1.221	
K_2	1.503	1.472	1.371	1.337	
K_3	1.071	1.311	1.081	1.284	
k_1	0.423	0.353	0.463	0.407	
k_2	0.501	0.491	0.457	0.446	
k_3	0.357	0.437	0.360	0.428	
极差	0.144	0.137	0.102	0.039	
较优水平	A_2	B_2	C_1		
主次顺序			A > B > C		

表5-3　水蒸气蒸馏法制备重庆奉节烟草花蕾精油正交试验方差分析

方差来源	偏差平方和	自由度	F 比	F 临界值	显著性
A	0.031	3	13.69	6.01	显著
B	0.029	3	12.61	6.01	显著
C	0.02	3	8.7	6.01	显著
误差	0.002				

由表5-2可见，比较各极差值可见 $R_A > R_B > R_C$，所以，影响水蒸气蒸馏法提取重庆奉节烟草花蕾精油得率的因素大小依次是 A>B>C，即超声功率氯化钠浓度影响最大，其次是料液比，而超声浸泡时间的影响较小。

如表5-3方差分析表所示，盐浓度、料液比、浸渍时间的 F 比均大于 F 临界值，其中盐浓度对于试验结果的影响显著性最高，盐浓度、料液比、浸渍时间均对试验结果有着显著性影响。综合表5-2、表5-3可知，水蒸气蒸馏法提取重庆奉节烟草花蕾精油的优化组合为 $A_2B_2C_1$，即盐浓度为10%，料液比为1∶25，浸渍时间为1.5h。此时精油的得率为0.566%。

5.1.3.2　贵州正安烟草花蕾精油提取率的正交优化结果

依据单因素试验的结果，选择超声浸泡时间、氯化钠浓度、料液比三个影响因素进行正交试验设计，每一个因素选择三个水平，按照 $L_9(3^4)$ 进行正交试验。试验的因素水平表如表5-4所示，正交结果如表5-5所示，正交试验方差分析如表5-6所示。

表5-4　水蒸气蒸馏法制备贵州正安烟草花蕾精油正交试验因素水平表

水平	因素			
	A NaCl浓度 （质量分数）/%	B 料液比（m/V） /（g/mL）	C 超声浸泡时间/h	D 空白
1	10	1∶20	1.5	—
2	12	1∶25	2.0	—
3	14	1∶30	2.5	—

表 5-5　水蒸气蒸馏法制备贵州正安烟草花蕾精油正交试验结果

试验号	A NaCl 浓度	B 料液比	C 超声浸泡时间	D 空白	提取率/%
1	1	1	1	1	0.476
2	1	2	2	2	0.547
3	1	3	3	3	0.519
4	2	1	3	3	0.553
5	2	2	2	1	0.565
6	2	2	1	2	0.527
7	3	1	3	2	0.475
8	3	2	1	3	0.467
9	3	3	2	1	0.471
K_1	1.542	1.503	1.47	1.512	
K_2	1.644	1.578	1.584	1.548	
K_3	1.413	1.518	1.548	1.539	
k_1	0.514	0.501	0.490	0.504	
k_2	0.548	0.526	0.528	0.516	
k_3	0.471	0.506	0.516	0.513	
极差	0.077	0.025	0.038	0.012	
较优水平	A_2	B_2	C_2		
主次顺序			A > C > B		

表 5-6　水蒸气蒸馏法制备贵州正安烟草花蕾精油正交试验方差分析结果

方差来源	偏差平方和	自由度	F 比	F 临界值	显著性
A	0.038	2	38.218	6.01	显著
B	0.005	2	4.555	6.01	不显著
C	0.009	2	9.405	6.01	显著
误差	0.001				

由表 5-5 可知，比较各极差值可见 $R_A > R_C > R_B$，所以，影响水蒸气蒸

馏法提取贵州正安烟草花蕾精油得率的因素大小依次是 A > C > B，即氯化钠浓度影响最大，其次是超声浸泡时间，而液料比的影响较小。从表 5-6 的方差分析中可以看出，氯化钠浓度与超声浸泡时间对水蒸气蒸馏法制备贵州正安烟草花蕾精油的提取率影响显著，而料液比在选取的三个水平上对提取率影响不显著。综合表 5-5 和表 5-6 可知，水蒸气蒸馏法提取贵州正安烟草花蕾精油的优化组合为 $A_2B_2C_2$。即氯化钠浓度为 12%，料液比为 1∶25，超声浸泡时间 2.0h，此时精油的得率为 0.565%。

5.1.3.3　云南文山烟草花蕾精油提取率的正交优化结果

依据单因素试验的结果，选择超声浸泡时间、氯化钠浓度、料液比三个影响因素进行正交试验设计，每一个因素选择三个水平，按照 $L_9(3^4)$ 进行正交试验。试验的因素水平表如表 5-7 所示，正交结果如表 5-8 所示，正交试验方差分析如表 5-9 所示。

由表 5-8 可知，比较各极差值可见 $R_A > R_B > R_C$，所以，影响水蒸气蒸馏法提取云南文山烟草花蕾精油得率的因素大小依次是 A > B > C，即在所选取的几个因素和水平中，氯化钠浓度对云南文山烟草花蕾精油的影响最大，其次是超声浸泡时间，而料液比的影响较小。从表 5-9 的方差分析中可以看出，氯化钠浓度与超声浸泡时间在所选取的因素水平上对水蒸气蒸馏法制备云南文山云烟 87 烟草花蕾精油的提取率影响显著，而料液比对精油的提取率不显著。综合表 5-5 和表 5-6 可知，水蒸气蒸馏法提取云南文山烟草花蕾精油的优化组合为 $A_2B_2C_1$。即氯化钠浓度为 12%，料液比为 1∶15，超声浸泡时间 2.5h。因正交表中没有该组合，因此进行验证试验，得此时精油的得率为 0.574%。

表 5-7　水蒸气蒸馏法制备云南文山烟草花蕾精油正交试验因素水平表

水平	因素			
	A NaCl 浓度 （质量分数）%	B 超声浸泡时间 /h	C 料液比（m/V） /（g/mL）	D 空白
1	10	2.0	1∶15	—
2	12	2.5	1∶20	—
3	14	3.0	1∶25	—

表5-8　水蒸气蒸馏法制备云南文山烟草花蕾精油正交试验结果

试验号	A NaCl 浓度	B 超声浸泡时间	C 料液比	D 空白	提取率/%
1	1	1	1	1	0.387
2	1	2	2	2	0.492
3	1	3	3	3	0.375
4	2	1	3	3	0.517
5	2	2	2	1	0.488
6	2	2	1	2	0.551
7	3	1	3	2	0.316
8	3	2	1	3	0.458
9	3	3	2	1	0.403
K_1	1.254	1.220	1.396	1.278	
K_2	1.556	1.438	1.383	1.359	
K_3	1.177	1.329	1.208	1.350	
k_1	0.418	0.407	0.465	0.426	
k_2	0.519	0.479	0.461	0.453	
k_3	0.392	0.443	0.403	0.450	
极差	0.126	0.073	0.063	0.027	
较优水平	A_2	B_2	C_1		
主次顺序			A > B > C		

表5-9　水蒸气蒸馏法制备云南文山烟草花蕾精油正交试验方差分析结果

方差来源	偏差平方和	自由度	F 比	F 临界值	显著性
A	0.027	2	20.360	6.01	显著
B	0.008	2	6.028	6.01	显著
C	0.007	2	5.593	6.01	不显著
误差	0.001				

5.1.3.4　广西贺州烟草花蕾精油提取率的正交优化结果

依据单因素试验的结果,选择超声浸泡时间、氯化钠浓度、料液比三个影响因素进行正交试验设计,每一个因素选择三个水平,按照 $L_9(3^4)$ 进行正交试验。试验的因素水平表如表 5-10 所示，正交结果如表 5-11 所示，正交试验方差分析如表 5-12 所示。

表 5-10 水蒸气蒸馏法制备广西贺州烟草花蕾精油正交试验因素水平表

水平	因素			
	A NaCl 浓度 （质量分数）/%	B 超声浸泡时间 /h	C 料液比 /（g/mL）	D 空白
1	10	2.0	1∶20	—
2	12	2.5	1∶25	—
3	14	3.0	1∶30	—

表 5-11 水蒸气蒸馏法制备广西贺州烟草花蕾精油正交试验结果

	A NaCl 浓度	B 超声浸泡时间	C 料液比	D 空白	提取率/%
1	1	1	1	1	0.357
2	1	2	2	2	0.532
3	1	3	3	3	0.318
4	2	1	3	3	0.413
5	2	2	2	1	0.479
6	2	2	1	2	0.611
7	3	1	3	2	0.216
8	3	2	1	3	0.474
9	3	3	2	1	0.327
K_1	1.187	0.986	1.414	1.173	
K_2	1.463	1.467	1.328	1.319	
K_3	1.039	1.236	0.947	1.197	
k_1	0.396	0.329	0.471	0.391	
k_2	0.488	0.489	0.443	0.440	
k_3	0.346	0.412	0.316	0.399	
极差	0.141	0.160	0.156	0.049	
较优水平	A_2	B_2	C_1		
主次顺序			B > C > A		

表 5-12　水蒸气蒸馏法制备广西贺州烟草花蕾精油正交试验方差分析结果

方差来源	偏差平方和	自由度	F 比	F 临界值	显著性
A	0.031	2	7.559	6.01	显著
B	0.039	2	9.477	6.01	显著
C	0.041	2	10.112	6.01	显著
误差	0.001				

由表 5-11 可知，比较各极差值可见 $R_B > R_C > R_A$，所以，影响水蒸气蒸馏法提取广西贺州烟草花蕾精油得率的因素大小依次是 B > C > A，即在所选取的几个因素和水平中，超声浸泡时间对广西贺州烟草花蕾精油的影响最大，其次是料液比，而氯化钠的浓度较小。从表 5-12 的方差分析中可以看出，料液比、氯化钠浓度与超声浸泡时间在所选取的因素水平上对水蒸气蒸馏法制备广西贺州云烟 87 烟草花蕾精油的提取率均影响显著。综合表 5-8 和表 5-9 可知，水蒸气蒸馏法提取广西贺州烟草花蕾精油的优化组合为 $A_2B_2C_1$。即氯化钠浓度为 12%，料液比为 1∶20，超声浸泡时间 2.5h。因正交表中没有该组合，因此进行验证试验，得此时精油的得率为 0.614%。

5.2　烟草花蕾精油的抑菌、抗氧化性能研究

5.2.1　烟草花蕾精油的抑菌性能研究

5.2.1.1　试验方法

（1）培养基的配制

肉汤固体培养基：称取 25g 肉汤培养基，18g 琼脂，加入 1000mL 蒸馏水，加热溶解后，分装，121℃ 高压灭菌 15min，备用。用于细菌的培养和抑菌试验。

PDA 固体培养基：称取 200g 马铃薯，洗净去皮，切碎，加入 1000mL 蒸馏水，煮 30min，待马铃薯煮化后，用 8 层纱布过滤。然后再加入 20g 蔗糖，18g 琼脂，充分溶解后，分装，121℃ 高压灭菌 15min，备用。用于霉菌和毕赤酵母的培养和抑菌试验。

其中，制作液体培养基时，不加入琼脂。

（2）菌悬液的制备　将待试菌种活化后，用生理盐水配制成菌悬液。采

用平板计数法测定细菌菌悬液的菌体个数,选用含菌体浓度为 $10^6 \sim 10^7 \text{cfu/mL}$ 的菌悬液,真菌采用显微镜直接计数法测定菌体个数,选用含孢子浓度为 $10^6 \sim 10^7$ 个/mL 的菌悬液,备用。

（3）抑菌性能的测定　采用滤纸片法测定精油的抑菌性能。用打孔器将滤纸切割成直径为 6mm 的小圆型纸片,然后置于干燥的试管中,121℃灭菌 30min 后,在无菌操作台上将其放入浓度为 140mg/mL 的精油—乙醇溶液中。用无菌移液枪吸取 0.2mL 含菌体浓度为 $10^6 \sim 10^7 \text{cfu/mL}$ 的菌悬液,滴加到新鲜无菌的固体培养基上,涂布均匀。用无菌镊子将浸有精油的滤纸片贴在固体培养基中心,每个菌种平行测定 3 次。恒温培养（细菌：37℃/24h；真菌：28℃/48h）,测定抑菌圈直径,比较抑菌效果。采用 3mg/mL 的青霉素钠和 10mg/mL 的头孢噻肟钠作为阳性对照。测定抑菌圈直径,比较抑菌效果。

（4）最小抑菌浓度（MIC）和最小杀菌浓度（MBC）　采用倍比稀释法在 96 孔板中测定最小抑菌浓度（MIC）。首先第一列八个孔分别加入 200μL 液体培养基做空白对照,第二列加入 180μL 液体培养基和 20μL 浓度为 30mg/mL 的烟草花蕾精油,从第三列到第十一列均加入 100μL 的液体培养基。从第二列中分别吸取相应的 100μL 精油到对应的第三列各孔,依次稀释到第十一列,最后从第十一列中吸出 100μL 废弃。各列精油的浓度为（14、7、3.5、1.75、0.875、0.4375、0.2188、0.1094、0.0547、0.0273mg/mL）。最后向第二到十一列各孔加入 100μL 菌悬液,其中第四行加 100μL 培养液做对照,第十二列各孔加 200μL 菌液做阴性对照,细菌的第四行以 3mg/mL 的青霉素钠的倍比稀释做阳性对照,真菌不做阳性对照。（细菌 37℃/24h；真菌 30℃/48h）。

在 MIC 和 MFC（最小杀真菌浓度）测定试验中,将无菌生长的液体培养基中取出 20μL 涂布平板,继续培养（细菌 37℃/24h；真菌 30℃/48h）。观察有无菌落生长。无菌落生长的最小浓度即为 MBC 或 MFC。MIC 和 MBC 的试验中,为了保证精油与培养液的互溶性,需在培养液中加入 1%（体积分数）的吐温 80 做乳化剂。

5.2.1.2　抑菌圈直径试验结果

不同产地烟草花蕾精油以及青霉素钠、头孢噻肟钠对不同微生物的抑菌圈测定,如表 5-13 所示。

5 烟草花蕾精油的提取及活性分析

表 5-13　　　　不同产地烟草花蕾精油的抑菌圈直径　　　　单位：mm

测试菌种	大肠杆菌	枯草芽孢杆菌	多黏类芽孢杆菌	黑曲霉	毛霉	青霉	酵母
重庆奉节精油	26.00 ± 5.66	29.75 ± 1.77	28.25 ± 4.59	7.43 ± 0.96	0	8.33 ± 0.62	8.68 ± 0.51
贵州正安精油	26.25 ± 6.01	19.75 ± 8.13	12.75 ± 3.30	7.99 ± 0.33	0	8.50 ± 0.73	9.04 ± 0.39
广西贺州精油	44.5 ± 5.65	30.25 ± 3.89	27.75 ± 5.56	8.90 ± 0.76	0	8.53 ± 0.636	8.83 ± 0.26
云南文山精油	49.25 ± 11.67	39.75 ± 3.89	34.50 ± 4.20	8.39 ± 1.79	0	8.32 ± 1.04	9.12 ± 0.50
青霉素钠	53.99 ± 2.82	52.25 ± 3.89	47.47 ± 1.07	—	—	—	—
头孢噻肟钠	62.50 ± 4.95	60.51 ± 3.53	30.75 ± 1.77	—	—	—	—
100%乙醇	0	0	0	0	0	0	0

注：青霉素钠和头孢噻肟钠为真菌产生的抗生素，对细菌有抑菌作用，因此未对其进行真菌抑菌性试验。

从表5-13中可以看出四种产地的精油对细菌均有一定的抑菌性。重庆奉节烟草花蕾精油对大肠杆菌、枯草芽孢杆菌和多黏类芽孢杆菌的抑菌圈直径处于21.34~32.84，均属最敏感，且对枯草芽孢杆菌的抑制最强。贵州正安烟草花蕾精油对多黏类芽孢杆菌的抑菌圈直径为12.75±3.30，属中度敏感，对枯草芽孢杆菌的抑菌圈直径为19.75±8.13，属中高度敏感，而对枯草芽孢杆菌的抑菌圈直径为26.25±6.01，属最敏感。广西贺州烟草花蕾精油对三种细菌的抑菌圈直径处于22.19~50.15，均属最敏感，且对大肠杆菌的抑菌能力最强。云南文山烟草花蕾精油对三种细菌的抑菌圈直径处于30.30~60.92，均属最敏感，且对大肠杆菌的抑菌能力最强。四种产地的烟草花蕾精油对黑曲霉、青霉和毕赤酵母的抑菌圈直径处于6.47~9.62，属于低度敏感，而对毛霉的抑菌圈直径均为0，没有抑菌性，因而对毛霉不敏感。

综合比较来看，云南文山烟草花蕾精油的抑菌性能最好，其次广西贺州烟草花蕾精油。抑菌效果最差的是贵州正安烟草花蕾精油。同时，从表5-13

中还可以看出,四种产地的烟草花蕾精油对真菌的抑菌效果无明显差异,抑菌效果较差。尤其是对毛霉没有抑菌效果。

5.2.1.3 最小抑菌浓度(MIC)和最小杀菌浓度(MBC)

不同产地烟草花蕾精油以及青霉素钠对不同微生物的最小抑菌浓度(MIC)以及最低杀菌浓度(MBC)测定,如表 5-14 和表 5-15 所示。

表 5-14　　不同产地烟草花蕾精油的最小抑菌浓度(MIC)　　单位:mg/mL

菌种	大肠杆菌	枯草芽孢杆菌	多黏类芽孢杆菌	毕赤酵母	毛霉	黑曲霉	青霉
重庆奉节精油	3.5	3.5	7	7	14	14	7
贵州正安精油	7	14	7	14	3.5	7	>14
广西贺州精油	7	7	3.5	7	7	>14	7
云南文山精油	1.75	3.5	7	14	3.5	14	14
青霉素钠	0.3	0.075	0.15	—	—	—	—

表 5-15　　不同产地烟草花蕾精油的最小杀细菌浓度(MBC)和
最小杀真菌浓度(MFC)　　单位:mg/mL

菌种	大肠杆菌	枯草芽孢杆菌	多黏类芽孢杆菌	毕赤酵母	毛霉	黑曲霉	青霉
重庆奉节精油	7	3.5	7	7	>14	14	14
贵州正安精油	7	14	7	14	7	7	>14
广西贺州精油	7	7	3.5	7	7	>14	14
云南文山精油	3.5	7	7	14	3.5	14	14
青霉素钠	0.3	0.075	0.15	—	—	—	—

注:青霉素钠为真菌产生的抗生素,对细菌有抑菌作用,因此未对真菌进行 MIC 和 MBC 试验。

由表 5-14 和表 5-15 可知,不同产地烟草花蕾精油对细菌和真菌都具有一定的抑菌能力。其中云南文山烟草花蕾精油对大肠杆菌的抑菌效果最好。其最小抑菌浓度(MIC)为 1.75mg/mL,最小杀菌浓度为 3.5mg/mL。其次,抑菌效果较好的是重庆奉节和广西贺州烟草花蕾精油,其中重庆奉节烟草花蕾精油对枯草芽孢杆菌的抑菌效果较好,而广西贺州烟草花蕾精油对多黏类芽孢杆菌的抑菌效果较好,两者的 MIC 和 MBC 均为 3.5mg/mL。四种不同产地的烟草花蕾精油对真菌的抑菌效果均较差,尤其是对于青霉的抑菌效果最差,其最小杀菌浓度均大于或等于14mg/mL。

5.2.2 烟草花蕾精油抗氧化性能研究

5.2.2.1 试验方法

(1) ·DPPH(1,1-二苯基-2-三硝基苯肼)清除能力测定 用50%的无水乙醇分别配制浓度为0.5、1.0、1.5、2.0mg/mL的烟草花蕾精油、BHT(2,6-二叔丁基-4-甲基苯酚溶液)溶液作为样品溶液。样品溶液取1mL,分别加入50μL吐温80,然后再加入2mL浓度为1mmol/L的DPPH溶液(50%乙醇溶解)在暗处放置0.5h,然后在517nm处测吸光度A。对照组用蒸馏水代替各个样品,重复上述操作,在517nm处测吸光度为A_1,空白组用50%乙醇代替DPPH溶液,重复上述操作,在517nm处测吸光度A_0。每组试验设三组平行试验。·DPPH清除率如式(5-2)所示。

$$\cdot DPPH 清除率(\%) = [1 - (A - A_0)/A_1] \times 100\% \quad (式5-2)$$

(2) 还原能力测定 用50%的无水乙醇分别配制浓度为0.5、1.0、1.5、2.0mg/mL的烟草花蕾精油、BHT溶液作为样品溶液。样品溶液取0.5mL,分别加入50μL吐温80,然后再加入2.5mL的PBS缓冲溶液(磷酸盐缓冲液)(pH为6.6),2.5mL 1%的铁氰化钾(质量分数),50℃水浴锅恒温水浴30min,然后置于冰水中快速冷却。再分别加入2.5mL蒸馏水和0.5mL 0.1%的三氯化铁溶液(质量分数),3000r/min离心后静置10min,在700nm处测吸光度A。空白组用蒸馏水代替铁氰化钾和三氯化铁溶液,重复上述操作,在700nm处测吸光度A_0。每组试验设三组平行试验。

还原能力的大小用吸光度$(A - A_0)$表示。

(3) 清除OH自由基 用50%的无水乙醇分别配制浓度为0.5、1.0、1.5、2.0mg/mL的烟草花蕾精油、BHT溶液作为样品溶液。取样品溶液0.5mL,分别加入50μL吐温80,1mL PBS缓冲溶液(pH为7.4),1mL浓度为7.5mmol/L的邻二氮菲溶液,1mL浓度为3.25mmol/L的硫酸亚铁溶液,2mL浓度为1.5%的双氧水,充分混合后于37℃下放置1h,在536nm处测吸光度A。对照组用蒸馏水代替各个样品,重复上述操作,在536nm处测吸光度A_1,空白组用蒸馏水代替邻二氮菲、硫酸亚铁溶液和双氧水,重复上述操作,在536nm处测吸光度A_0。每组试验设三组平行试验。·OH清除率如式(5-3)所示。

$$\cdot \text{OH 清除率}(\%) = [(A - A_0)/(A_1 - A_0)] \times 100\% \qquad (\text{式} 5-3)$$

(4) 清除 O^{2-} 自由基　用 50% 的无水乙醇分别配制浓度为 0.5、1.0、1.5、2.0mg/mL 的烟草花蕾精油、BHT 溶液作为样品溶液。样品溶液取 1mL，分别加入 50μL 吐温 80，4.5mL 浓度为 0.05mol/L 的 Tris-HCl 缓冲液（三羟甲基氨基甲烷-盐酸缓冲液）（pH 为 8.2），1mL 浓度为 1mmol/L 的 EDTA（乙二胺四乙酸）溶液，0.4mL 浓度为 25mmol/L 的邻苯三酚溶液，置于 25℃ 水浴锅中恒温 4min 后，迅速用 1mL 浓度为 12mol/L 的 HCl 终止反应。在 320nm 处测吸光度 A。对照组用蒸馏水代替各个样品，重复上述操作，在 320nm 处测吸光度 A_1。空白组用蒸馏水代替 EDTA、邻苯三酚和 HCl 溶液，重复上述操作，在 320nm 处测吸光度 A_0。每组试验设三组平行试验。超氧阴离子清除率如式（5-4）所示：

$$\text{超氧阴离子清除率}(\%) = [1 - (A - A_0)/A_1] \times 100\% \qquad (\text{式} 5-4)$$

5.2.2.2　不同产地烟草花蕾精油对·DPPH 清除能力测定

如图 5-6 所示，四种产地的烟草花蕾精油与 BHT 均具有一定的清除·DPPH 能力且·DPPH 清除能力随着浓度的增加均有所变化。其中 BHT 随着浓度的增加，·DPPH 清除率呈直线上升。贵州正安烟草花蕾精油在浓度 0.5~1.0mg/mL 范围内快速增长，其后基本保持不变。重庆奉节烟草花蕾精油和广西贺州烟草花蕾精油随着浓度的增大，·DPPH 清除率缓慢增加。而云南文山烟草花蕾精油的·DPPH 清除率随着浓度的增加，在 1.5mg/mL 处略有回落，随后又继续增长。从图 5-6 中还可以看出，在浓度高于 1mg/mL 时，贵州正

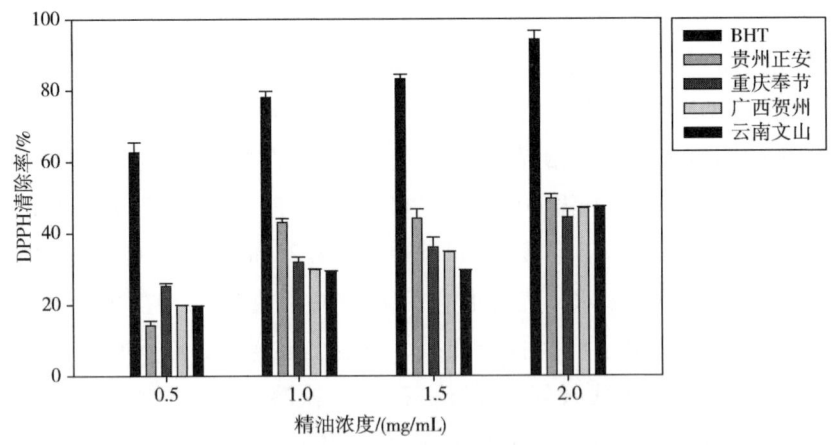

图 5-6　不同产地烟草花蕾精油的·DPPH 清除率图

安烟草花蕾精油的·DPPH 清除能力高于其他三种烟草花蕾精油。当浓度达到 2.0mg/mL 时，四种烟草花蕾精油清除·DPPH 的能力相差不大，均可以达到 BHT 的一半左右。整体上在浓度为 0.5~2.0mg/mL 范围内，四种烟草花蕾精油清除·DPPH 的能力大小为：贵州正安＞重庆奉节＞广西贺州＞云南文山。

5.2.2.3 不同产地烟草花蕾精油还原能力测定

从图 5-7 中可以看出，四种烟草花蕾精油与 BHT 均有一定的还原能力，且均随着浓度的升高，还原能力增强，但增加速率不同。其中 BHT＞贵州正安＞重庆奉节＞云南文山＞广西贺州，四种烟草花蕾精油的还原能力在 0.5mg/mL 时，最接近 BHT。在浓度为 2.0mg/mL 时，四种烟草花蕾精油的还原能力达到最大，BHT 的吸光度为 0.453 ± 0.005，贵州正安烟草花蕾精油的吸光度达到 BHT 的一半，为 0.235 ± 0.004，重庆奉节烟草花蕾精油的吸光度为 0.149 ± 0.018，云南文山烟草花蕾精油的吸光度为 0.110 ± 0.002，广西贺州烟草花蕾精油的还原能力最低，吸光度为 0.101 ± 0.001。

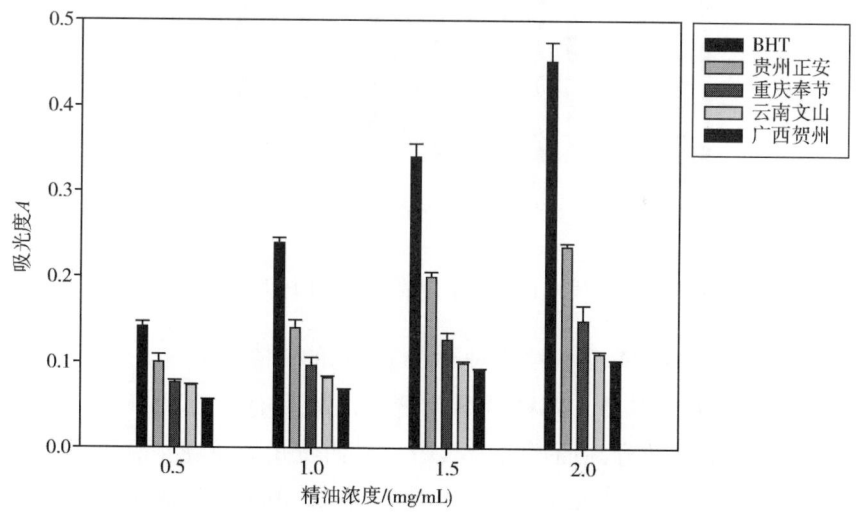

图 5-7 不同产地烟草花蕾精油的还原能力图

5.2.2.4 不同产地烟草花蕾精油对 OH 自由基的清除能力

如图 5-8 所示，四种产地的烟草花蕾精油与 BHT 均有一定的 OH 自由基清除能力。BHT 的 OH 自由基清除能力在浓度 1.5mg/mL 时，略有升高，随后基本保持不变。由图5-8中可以看出，重庆奉节烟草花蕾的OH自由基清除能力在浓度低于1.5mg/mL时，均高于BHT，在浓度为2.0mg/mL时，与BHT无明显差异。广西贺州和云南文山的烟草花蕾精油在浓度为0.5mg/mL和1.0mg/mL时的OH自由基清除能力高于BHT，在浓度为1.5和2.0mg/mL时，与BHT无明显差异。贵州正安烟草花蕾精油的OH自由基清除能力，除在1.0mg/mL时，与BHT无明显差异外，均低于BHT。四种烟草花蕾精油的OH自由基清除能力大小为：重庆奉节 > 云南文山 > 广西贺州 > 贵州正安。

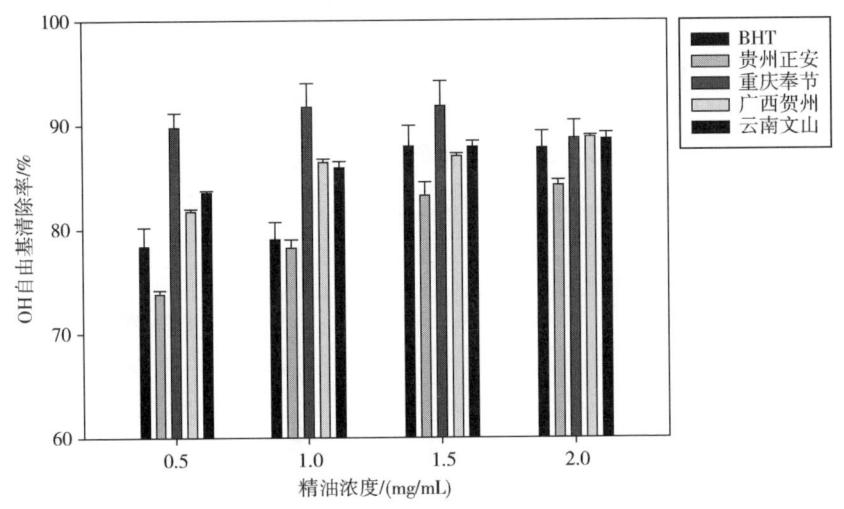

图5-8　不同产地烟草花蕾精油的OH自由基清除率图

5.2.2.5　不同产地烟草花蕾精油对O_2^-自由基的清除能力

由图5-9可以看出，四种烟草花蕾精油均具有一定的O_2^-自由基清除能力，且随着浓度的升高而增大。其中，广西贺州烟草花蕾精油的O_2^-清除能力最好，在1.0mg/mL时接近BHT，在2.0mg/mL时达到最大，为38.57% ± 0.27%。重庆奉节烟草花蕾精油的O_2^-清除能力较其他几种精油差，尤其是在浓度为0.5mg/mL时，清除率仅有17.20% ± 0.19%，但是随着浓度的增大，清除能力逐渐增大，在浓度为2.0mg/mL时，达到35.37% ± 1.27%。

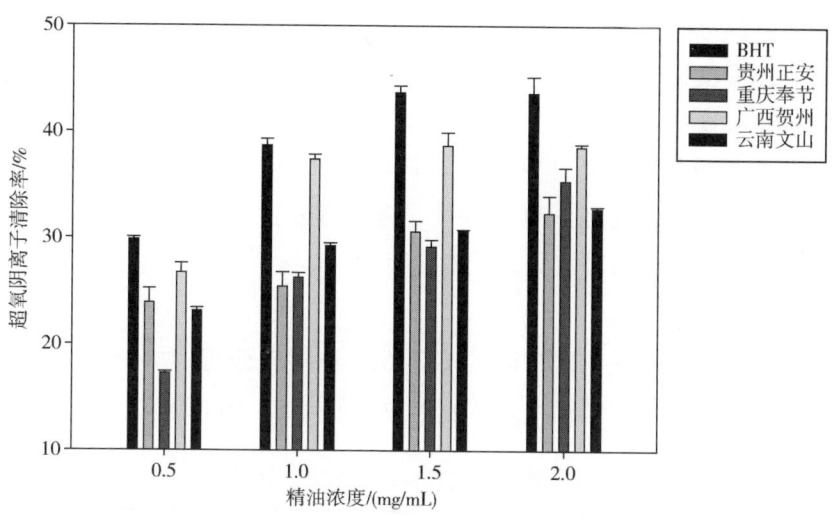

图 5-9　不同产地烟草花蕾精油的 O_2^- 自由基清除率图

5.3　不同产地烟草花蕾精油的挥发性成分分析

5.3.1　试验方法

（1）样品制备　取 1mL 制备好的精油用二氯甲烷溶解，加入无水硫酸钠过夜，除去水分后，将样品浓缩，过 0.22μm 滤膜后移入色谱瓶，4℃低温密封保存，上样。

（2）GC/MS 分析条件

色谱柱：HP-5MS（60m×0.25mm i.d.×0.25μm d.f.）色谱柱。

进样口温度：280℃。

进样量：1μL。

分流比：10∶1。

载气：氦气。

升温程序：起始温度 50℃保持 2min，以 8℃/min 升至 200℃，再以 2℃/min 升至 280℃保持 10min。

传输线温度：280℃。

EI 源电子能量：70eV。

电子倍增器电压：1600V。

质量扫描范围：30～500amu。

离子源温度：230℃。

四极杆温度：150℃。

（3）数据分析　运用计算机检索并与nist11谱库的标准质谱图对照，结合有关文献，选取匹配度≥80的物质，确认挥发性物质的各个化学成分，采用峰面积归一法测定各种成分的相对含量。

5.3.2　不同产地烟草花蕾精油的 GC/MS 结果与分析

不同产地烟草花蕾精油主要挥发性成分如表5-16所示。

表5-16　　　　不同产地烟草花蕾精油主要挥发性成分

序号	类别	RT	Library/ID	名称	Qual	含量/%			
						重庆奉节	贵州正安	广西贺州	云南文山
1		17.52	Phenylethyl Alcohol	苯乙醇	93	0.95	0.49	1.20	0.97
2		19.37	Bicyclo[3.1.1]hept-3-en-2-one,4,6,6-trimethyl-,(1S)-	马鞭草烯醇	96	0.03			
3		27.51	Cedrol	柏木脑	90			0.12	0.34
4		32.05	Phytol	植醇	80	2.04	1.79	4.49	1.19
5	醇类	41.48	Carotol	胡萝卜次醇	85		8.55	3.44	
6		41.69	3-Buten-2-ol,4-(2,6,6-trimethyl-1-cyclohexen-1-yl)-	4-(2,6,6-三甲基环己烯基-1-基)-3-丁烯-2-醇	80		0.73		
7		41.88	trans-Geranylgeraniol	香叶基香叶醇	90		0.68	1.14	0.11
8		44.63	Farnesol isomer a	金合欢醇	80		1.10		
合计						3.02	13.34	10.40	2.61

续表

序号	类别	RT	Library/ID	名称	Qual	含量/% 重庆奉节	贵州正安	广西贺州	云南文山
9	杂环类	12.25	Pyridine,2,4-dimethyl-	2,4-二甲基吡啶	86	0.06			
10		11.77	2-Furanmethanol	糠醇	87	0.02		0.11	0.49
11		21.21	Indole	吲哚	90	0.65	0.55	1.03	0.86
12		14.58	Furan,2-pentyl-	2-正戊基呋喃	87	0.10	0.08	0.19	0.26
13		46.52	2-Methyl-3-(3-methyl-beta.-2-enyl)-2-(4-methyl-pent-3-enyl)-oxetane	2-甲基-3-(3-甲基-丁-2-烯基)-2-(4-甲基戊-3-烯基)-氧杂环丁烷	93	1.30	1.39	0.60	
14		21.94	Pyridine,3-(1-methyl-2-pyrrolidinyl)-,(S)-	烟碱	91	0.29	0.44	4.02	3.98
合计						2.42	2.46	5.94	5.59
15	醛酮类	14.26	Benzaldehyde	苯甲醛	97	0.31	0.17	0.38	0.07
16		15.98	Benzeneacetaldehyde	苯乙醛	91	2.13	0.93	3.59	3.44
17		17	Nonanal	壬醛	80		0.05		
18		22.36	2-Buten-1-one,1-(2,6,6-trimethyl-1,3-cyclohexadien-1-yl)-,(E)	β-大马士酮	95	0.42	0.36	0.21	0.12
19		24.22	trans-beta.-Ionone	β-紫罗酮	98			0.08	0.40
20		24.56	trans-Chrysanthemal	反式-3-丙基二环[2.2.1]庚-5-烯-2-羧醛	82	0.29	0.31		0.11
21		27.41	Megastigmatrienone	巨豆三烯酮	95			0.09	
22		28.99	Tetradecanal	肉豆蔻醛	86	0.19		0.32	0.08
23		32.25	2-Pentadecanone,6,10,14-trimethyl-	植酮	99	0.49	0.30	0.28	0.20
24		44.83	2-Butanone,4-(4-hydroxy-3-methoxyphenyl)-	姜酮	83	0.24			
25		46.05	1-Cyclohexene-1-propanal,2,6,6-trimethyl-	2,6,6-三甲基-1-环己烯基-1-丙醛	83			0.30	
合计						4.07	2.42	4.95	4.42

续表

序号	类别	RT	Library/ID	名称	Qual	含量/%			
						重庆奉节	贵州正安	广西贺州	云南文山
26		15.17	3 - Heptyne,2,2 - dimethyl -	2,2 - 二甲基 - 3 - 庚炔	89				0.05
27		21.8	Cyclohexene,1 - methyl - 4 - (1 - methylethylidene) -	双戊烯	90	6.74			
28		23.35	Caryophyllene	1 - 石竹烯	96		0.47	0.13	0.56
29		23.62	1,3,6 - Heptatriene,2,5,5 - trimethyl -	黏蒿三烯	87				0.25
30		23.73	.alpha. - Farnesene	α - 法呢烯	84		0.08	0.08	0.65
31		26.75	Caryophyllene oxide	氧化石竹烯	86		0.37		0.44
32	炔烃、烯烃类	29.16	Cyclohexene,3 - methyl - 6 - (1 - methylethenyl) -	(1R) - (+) - 异柠檬烯	86	1.98	0.28	0.20	1.11
33		31.66	Cyclohexene,4 - ethenyl - 4 - methyl - 3 - (1 - methylethenyl) - 1 - (1 - methylethyl) -,(3R - trans) -	(3R - 反式) - 4 - 乙烯基 - 4 - 甲基 - 3 - (1 - 甲基乙烯基) - 1 - (1 - 甲基乙基) - 环己烯	90	1.15	0.87		0.78
34		35.58	1,3,6,10 - Cyclotetradecatetraene,3,7,11 - trimethyl - 14 - (1 - methylethyl) -,[S - (E,Z,E,E)] -	西柏烯	99	0.33	0.38	0.16	0.61

续表

序号	类别	RT	Library/ID	名称	Qual	重庆奉节	贵州正安	广西贺州	云南文山
						含量/%			
35		38.5	Bicyclo [7.2.0] undec-4-ene,4,11,11-trimethyl-8-methylene-	反式石竹烯	90	0.33			1.68
36		39.12	Cyclohexane,1-ethenyl-1-methyl-2,4-bis(1-methylethenyl)-,(1.alpha.,2.beta.,4.beta.)-	β-榄香烯	89				2.03
37	炔烃、烯烃类	40.08	1H-Cycloprop[e]azulene,1a,2,3,5,6,7,7a,7b-octahydro-1,1,4,7-tetramethyl-,[1aR-(1a.alpha.,7.alpha.,7a.beta.,7b.alpha.)]-	(+)-喇叭烯	93	12.22			4.31
38		41.03	Cyclohexene,5-methyl-3-(1-methylethenyl)-,trans-(-)-	反式-5-甲基-3-(1-甲基乙烯基)-环己烯	83	7.37			
39		41.11	m-Mentha-4,8-diene,(1S,3S)-(+)-	间-薄荷-4,8-二烯	86	8.36		0.19	4.22
40		42.62	Cyclohexene,3-methyl-6-(1-methylethenyl)-,(3R-trans)-	(1R)-(+)-反式-异柠檬烯	80	2.31	0.28	0.20	0.11
合计						33.42	10.10	0.95	16.81

续表

序号	类别	RT	Library/ID	名称	Qual	含量/%			
						重庆奉节	贵州正安	广西贺州	云南文山
41		13.93	2(3H)-Furanone, dihydro-5-methyl-	γ-戊内酯	92			0.06	
42		25.74	2(4H)-Benzofuranone,5,6,7,7a-tetrahydro-4,4,7a-trimethyl-	二氢猕猴桃内酯	96	0.19		0.21	0.16
43		33.01	1,2-Benzenedicarboxylic acid, bis(2-methylpropyl) ester	邻苯二甲酸二异丁酯	87	0.09		0.17	0.14
44	酯类、酸类	34.62	Hexadecanoic acid, methyl ester	棕榈酸甲酯	99	0.47	0.52	0.24	0.50
45		35.98	n-Hexadecanoic acid	棕榈酸	89			0.23	1.01
46		40.28	9,12-Octadecadienoic acid (Z,Z)-, methyl ester	亚油酸甲酯	99		1.28		
47		42.89	9,12-Octadecadienoic acid(Z,Z)-	亚油酸	96		4.09	8.37	
48		50.80	Hexanedioic acid, bis(2-ethylhexyl) ester	己二酸二(2-乙基己)酯	93			0.12	1.40
49		56.11	Bis(2-ethylhexyl) phthalate	邻苯二甲酸二(2-乙基己)酯	87			0.07	0.04
合计						0.75	5.89	9.47	3.25

续表

序号	类别	RT	Library/ID	名称	Qual	含量/%			
						重庆奉节	贵州正安	广西贺州	云南文山
50	萜类	39.62	Thunbergol	黑松醇	95	4.10	4.88	7.58	5.27
51		44.07	β - Cembrenediol	β-4,8,13-杜法三烯-1,3-二醇	88	3.69	12.24	16.44	11.82
合计						7.79	17.12	24.02	17.09
52		33.86	Nonadecane	十九烷	98	0.95	1.17	0.35	0.11
53		36.65	Bicyclo[5.2.0]nonane,4-methylene-2,8,8-trimethyl-2-vinyl-	4-亚甲基2,8,8三甲基-2-乙烯基二环壬烷	84	0.96	1.25	1.12	1.77
54		36.99	Eicosane	二十烷	97	0.15	0.35	0.23	0.04
55	烷烃	40.43	Heneicosane	二十一烷	99	3.59	2.12		0.03
56		47.53	Heptadecane	十七烷	95	0.54	0.52	0.17	
57		54.86	Pentacosane	二十五烷	99	0.58	0.59	0.44	0.24
58		60.67	Tetracosane	二十四烷	98	0.10		0.12	0.46
59		62.03	Heptacosane	二十七烷	99	0.61	0.58	0.55	0.21
60		64.86	Hexacosane	二十六烷	86	0.20			0.10
61		68.8	Octacosane	二十八烷	96	0.14	0.11	0.17	
62		70.64	Nonacosane	二十九烷	97	0.10		0.11	
合计						7.92	6.69	3.25	2.95

对表 5-16 进行分析可知,烟草花蕾精油的挥发性成分种类多样,4 种不同产地的烟草花蕾精油共检出挥发性成分 62 种,其中,醇类挥发性成分共有 8 种,杂环类挥发性成分共有 6 种,醛酮类化合物共有 11 种,不饱和烃类(炔烃和烯烃)共有 15 种,酯类和酸类挥发性成分共有 9 种,萜类挥发性成分共有 2 种,饱和烃类化合物(烷烃)共有 11 种,其中重庆奉节共含有 40 种挥发性成分,贵州正安含有 38 种挥发性成分,广西贺州的挥发性成分有 42 种,云南文山的挥发性成分有 51 种。

表 5-16 给出了 4 种不同产地烟草花蕾精油的挥发性成分的相对含量,

对4种不同产地的烟花精油挥发性成分进行分析可知,重庆奉节、贵州正安、广西贺州、云南文山的醇类化合物种类分别有3、6、5和4种,其含量分别为3.02%、13.34%、10.40%和2.61%,杂环类化合物的种类分别有6、4、5和4种,其含量分别为2.42%、2.46%、5.94%和5.59%,醛酮类化合物的种类各有7种,其含量分别为4.07%、2.42%、4.95%和4.42%,不饱和烃类化合物(炔烃和烯烃)的种类分别有8、8、6和13种,其含量分别为33.42%、10.10%、0.95%和16.81%,酯类和酸类化合物的种类分别有3、3、8和6种,其含量分别为0.75%、5.89%、9.47%和3.25%,萜类化合物的种类均含2种,其含量分别为7.79%、17.12%、24.02%和17.09%,饱和烃类化合物的种类分别有11、8、9和8种,其含量分别为7.92%、6.69%、3.25%和2.95%。其中,烃类化合物(包括饱和烃和不饱和烃类化合物)在4种产地的烟草花蕾精油中的含量最高。这些化合物中,大多数挥发性成分都具有一定的香气,因而使4种不同产地的烟草花蕾精油的香味有所差别。同时,除了饱和烃类化合物,这些挥发性成分均含有不同程度的不饱和的 $C=C$ 或者 $C\equiv C$ 、羟基、羰基、羧基等,这些功能基团都具有一定的还原能力,从而使精油具备一定的抑菌和抗氧化能力。

5.3.3 烟草花蕾精油的致香成分分析

由表5-16可知,4种产地的烟草花蕾精油共检测出醇类挥发性成分共有8种,分别为苯乙醇、马鞭草烯醇、柏木脑、植醇、胡萝卜次醇、4-(2,6,6-三甲基环己烯基-1-基)-3-丁烯-2-醇、香叶基香叶醇、金合欢醇。在这8中醇类物质中,苯乙醇是调和玫瑰香型不可或缺的主要香料;马鞭草烯醇具有特征的马鞭草样香气;柏木脑常在檀香、木香等香型的香精中作为定香剂;胡萝卜次醇是胡萝卜籽中含有的一种香味成分,其结构与叶黄素相似,是烟草香味成分的前体物质;4-(2,6,6-三甲基环己烯基-1-基)-3-丁烯-2-醇天然存在于葡萄和草莓中,具有甜的花香和香脂暖香气;金合欢醇具有铃兰、菩提花等的气息,在多种香精香料中起增强甜花香的作用。在这几种醇类物质中,苯乙醇和植醇为4种产地烟草花蕾精油的共有成分;马鞭草烯醇为重庆奉节烟草花蕾精油的独有香味成分,4-(2,6,6-三甲基环己烯基-1-基)-3-丁烯-2-醇和金合欢醇为贵州正安烟草花蕾精油的独有香味成分。

4 种产地的烟草花蕾精油共检出杂环类挥发性成分共有 6 种,分别为糠醇、2,4-二甲基吡啶、吲哚、2-正戊基呋喃、2-甲基-3-(3-甲基-丁-2-烯基)-2-(4-甲基戊-3-烯基)-氧杂环丁烷、烟碱。其中糠醇具有焦糖香,是配制焦糖香香型的主要原料;2,4-二甲基吡啶呈胡椒气味;低浓度的吲哚呈茉莉花香气,常与甲基吲哚共用,来模拟人造灵猫香,在烟气中能够起到增加白肋烟特征香的作用;2-正戊基呋喃具有类似蔬菜的青草香;烟碱是烟草中重要的香味成分,对卷烟的吃味具有重要影响。在这几种杂环类香味物质中,吲哚、2-正戊基呋喃和烟碱是 4 种产地烟草花蕾精油的共有香味成分;2,4-二甲基吡啶为重庆奉节烟草花蕾精油的独有香味成分。

4 种产地的烟草花蕾精油共检出醛酮类挥发性成分共有 11 种,分别为苯甲醛、苯乙醛、壬醛、β-大马士酮、β-紫罗酮、反式-3-丙基二环[2.2.1]庚-5-烯-2-羧醛、巨豆三烯酮、肉豆蔻醛、植酮、姜酮、2,6,6-三甲基-1-环己烯基-1-丙醛。其中苯甲醇具有类似苦杏仁的香味;苯乙醇呈强烈的风信子香气;壬醛具有尖锐的蜜蜡花香气;β-大马士酮呈柚子、覆盆子等果香香味;β-紫罗酮是 β-胡萝卜素的降解产物,具有柏木、覆盆子香气;巨豆三烯酮具有 4 种同分异构体,是胡萝卜素的降解产物,赋予烟草甘甜的香气特征,能够改善烟香,使烟气柔和等作用;姜酮具有强烈的类似姜的辛辣及刺激性气味。在这几种醛酮类挥发性成分中,苯甲醛、苯乙醛、β-大马士酮和植酮为 4 种产地烟草花蕾精油的共有香味成分;姜酮为重庆奉节烟草花蕾精油的独有香味成分,壬醛和姜酮为贵州正安烟草花蕾精油的独有香味成分;巨豆三烯酮为广西贺州烟草花蕾精油独有的香味成分。

4 种产地的烟草花蕾精油共检出不饱和烃类挥发性成分共有 15 种,分别为 2,2-二甲基-3-庚炔、双戊烯、1-石竹烯、黏蒿三烯、α-法呢烯、氧化石竹烯、(1R)-(+)-异柠檬烯、(3R-反式)-4-乙烯基-4-甲基-3-(1-甲基乙烯基)-1-(1-甲基乙基)-环己烯、西柏烯、反式石竹烯、β-榄香烯、(+)-喇叭烯、反式-5-甲基-3-(1-甲基乙烯基)-环己烯、间-薄荷-4,8-二烯、(1R)-(+)-反式-异柠檬烯。其中,1-石竹烯具有温和的丁香香气;黏蒿三烯具有类似茼蒿的清香香气;α-法呢烯具有清香、花香并伴有香脂香气;(1R)-(+)-异柠檬烯和(1R)-(+)-反式-异柠檬烯具有类似柠檬的香气;西柏烯自身具有微弱的木香,但其降解后可使卷烟呈现可可样的香气,使烟气丰满;反式石竹烯具有温和的丁香香气；间-薄荷-4,8-二烯具有清新的薄荷香气。在这些香味成分中，西柏烯、（1R）-（+）-异柠檬烯和（1R）-（+）-反式-异柠檬烯是4种不同产地烟草花蕾精油的共有香味成分；双戊烯是重庆奉节烟草花蕾精油的独有香味成分；反式-5-甲基-3-（1-甲基乙烯基）-环己烯是贵州正安烟草花蕾精油的独有香味成分；2,2-二甲基-3-庚炔是云南文山烟草花蕾精油独有的香味成分。

4种产地的烟草花蕾精油共检出酯类和酸类挥发性成分共有9种，分别为γ-戊内酯、二氢猕猴桃内酯、邻苯二甲酸二异丁酯、棕榈酸甲酯、棕榈酸、亚油酸甲酯、亚油酸、己二酸二（2-乙基己）酯、邻苯二甲酸二（2-乙基己）酯。其中，γ-戊内酯具有香兰素和椰子香味，呈暖甜草药味；二氢猕猴桃内酯是类胡萝卜素的降解产物，具有猕猴桃样的清香和果香。其余几种酸类和酯类物质，虽然不具有香味，但是可以柔和烟气，是香味物质的载体。在这几种酸类和酯类物质中，棕榈酸甲酯是4种不同产地烟草花蕾精油的共有香味成分；γ-戊内酯是广西贺州烟草花蕾精油的独有香味成分。

4种产地的烟草花蕾精油共检出萜类挥发性成分共有两种，为黑松醇和β-4,8,13-杜法三烯-1,3-二醇，且为共有香味成分。这两种物质是烟草的重要香味成分，主要存在于烟叶和烟气中。

4种产地的烟草花蕾精油共检出饱和烃类挥发性成分共有11种，这些饱和烃类化合物对烟草花蕾精油的香味不产生影响，但是添加在卷烟中燃烧时，会产生焦糊味，同时影响烟气的pH。高含量的饱和烃类化合物会使卷烟烟气的pH降低，使烟气偏酸性。

5.3.4 烟草花蕾精油的抑菌、抗氧化成分分析

由5.2烟草花蕾精油的抑菌、抗氧化性能研究可知，四种产地的精油对细菌均有一定的抑菌性，其抑菌能力大小依次为云南文山＞广西贺州＞重庆奉节＞贵州正安。四种产地烟草花蕾精油对真菌的细菌效果无明显差异，抑菌效果较差，尤其对毛霉的抑菌效果最差。抗氧化试验中，四种产地的烟草花蕾精油均具有一定的抗氧化能力，基本上呈现出抗氧化能力随着浓度的升高而增强的趋势。其中，贵州正安烟草花蕾精油清除·DPPH和还原能力测定的试验效果最好，重庆奉节烟草花蕾精油清除·OH的效果最好，广西贺州烟草花蕾精油清除O_2^-的效果最好。

结合表 5-16 所示，4 种不同产地烟草花蕾精油的挥发性成分可知，烟草花蕾精油中含有多种具有抑菌抗氧化能力的香味成分。其中，植醇为一链形二萜类含氧化合物，是一个不饱和的一级醇，黑松醇和 β-4,8,13-杜法三烯-1,3-二醇均为萜烯类化合物，具有一定的抗氧、抗肿瘤作用。香叶基香叶醇是萜类、胡萝卜素、甾醇等多种具有生理活性的前提物质，也是辅酶 Q_n（Ⅰ）、维生素 K_2 的有机合成中间体。同时，香叶基香叶醇本身也具有杀菌、抗病毒、抗肿瘤等作用。另外，香叶基香叶醇对溃疡、血栓、动脉粥样硬化等具有治疗作用。吲哚是一种天然的生物碱，具有抗菌、抗肿瘤和抗病毒等生理活性，是茚甲新（抗炎药物）、心得乐（血管舒张药物）等药物的主要成分。烟碱是 N 胆碱受体激动药的代表，对 N_1 和 N_2 受体及中枢神经系统均可起作用。氧化石竹烯具有清热解毒、消炎等功效，同时是短期治疗甲霉菌病的抗真菌剂。反式石竹烯是一种双环倍半萜类化合物，具有抗细菌等作用。正是由于这些抗菌物质的存在，使得烟草花蕾精油具有一定的抗菌作用。

结合表 5-16 可知，烟草花蕾精油中含有大量的醇类、醛酮类、不饱和烃类、酸类和酯类、萜类化合物，其中醇类化合物中含有—OH 基，醛酮类化合物中含有 C═O 基，不饱和烃类中含有 C═C 和 C≡C，酸类和酯类化合物中含有—COOR 基，萜类化合物中含有以异戊二烯为单位的倍数的烃类及其含氧衍生物，具有大量的不饱和键。这些官能团的存在，使得精油能够与—OH、超氧阴离子等发生反应，从而使精油具有一定的抗氧化作用。

5.4 烟草花蕾精油的电子烟应用研究

5.4.1 试验方法

（1）样品的预处理　取广西中烟真龙卷烟空白烟丝，分为 5 组，放入温度（22±1）℃、相对湿度（60±3）% 的恒温恒湿箱中平衡 24h 以上，备用。

（2）精油添加比例试验　取重庆奉节烟草花蕾精油，用 50% 乙醇稀释至浓度为 0、0.01%、0.02%、0.03% 和 0.04%。将稀释后的重庆奉节烟草花蕾精油乙醇溶液均匀的喷洒在烟丝上，分别为试验组 1、试验组 2、试验组 3、试验组 4 和对照组，标记为 1、2、3、4、5。

按照每支烟（0.80±0.01）g 的标准进行卷制，同时按照 YC/T 138—1998《烟草及烟草制品　感官评价方法》，在温度（22±1）℃、相对湿度

(60±3)%的恒温恒湿箱中平衡24h后进行感官评吸。

(3) 不同产地烟草花蕾精油加香试验　取重庆奉节、贵州正安、广西贺州和云南文山烟草花蕾精油，用50%乙醇稀释至5.2.1.2确定的精油添加比例。将稀释后的4种产地的烟草花蕾精油乙醇溶液均匀的喷洒在烟丝上，分别为试验组1、试验组2、试验组3、试验组4和对照组，标记为1、2、3、4、5。

按照每支烟（0.80±0.01）g的标准进行卷制，同时按照YC/T 138—1998《烟草及烟草制品　感官评价方法》，在温度（22±1）℃、相对湿度（60±3）%的恒温恒湿箱中平衡24h后进行感官评吸。

(4) 感官评吸标准　对卷制的烤烟进行感官评吸，参考YC/T 138—1998《烟草及烟草制品　感官评价方法》，评吸人员（9人）对卷烟的光泽、香气、协调性、杂气、刺激性及余味进行打分，具体评分细则如表5-17所示。

表5-17　　　　　　　　　感官质量评分及定量描述表

项目	评分标准			
光泽	6~4.5	4~2.5	2~1	≤0.5
	油润，有光泽	油润	暗淡	无光泽，很暗淡
香气	36~30	29~19	18~13	≤12
	香气充实、丰满	香气充实，有粗糙感	香气单薄，有粗糙感	香气单薄，且粗糙感明显
协调性	6~4.5	4~2.5	2.5~1	≤0.5
	协调	较协调	稍协调	不协调
杂气	16~13	12~10	9~7	≤7
	无杂气	稍有杂气	有杂气	杂气大
刺激性	16~13	12~10	9~7	≤7
	无刺激性	稍有刺激性	有刺激性	刺激性大
余味	20~15	14~9	8~5	≤4
	干净、舒适	较干净、舒适	稍干净、舒适	不干净，不舒适

(5) 雾化剂比例的确定　为了模拟卷烟吸食过程中的烟雾状态，电子烟液中通常将丙二醇、丙三醇（甘油）和水按照一定的比例配制成雾化剂。参考有关文献可知，水与丙二醇、丙三醇的比例为1:9时雾化效果较好。在此基础上，对雾化剂配方进行改进。按水:丙二醇:丙三醇（体积比）的比例分

别为1:2:7,1:3:6,1:4:5,1:5:4,1:6:3,1:7:2进行配制,以烟雾量为指标,结合感官评价,确定最佳雾化剂比例。

(6) 精油添加量的确定 电子烟液的主要成分由雾化剂、香精香料以及烟碱组成。在雾化剂中加入一定比例的烟草花蕾精油,按雾化剂:精油(体积比)的比例分别为9:1,8:2,7:3,6:4和5:5进行配制,通过感官评吸,确定雾化剂与烟草花蕾精油的比例。

(7) 烟碱添加量的确定 电子烟液中的烟碱主要是为了满足经常抽吸卷烟的用户对尼古丁的需求,因而不同消费者对烟碱的需求量不同。市面上常见的电子烟液中烟碱的含量分别为0、6mg/mL、12mg/mL、18mg/mL,本试验中烟碱含量统一添加量为6mg/mL。

5.4.2 烟草花蕾精油在卷烟加香中的应用

5.3.2.1 精油添加比例的确定

将评吸员的评吸结果,进行统计,感官评吸结果如表5-18所示。

表5-18　　　　　　不同加香比例的感官质量评分表

加香比例	光泽	香气	协调性	杂气	刺激性	余味	总分
0	4.53	32.64	5.43	14.97	15.02	17.75	90.34
0.01%	4.83	32.93	5.39	14.77	14.35	17.86	90.13
0.02%	5.02	33.14	5.21	14.23	14.98	17.96	90.54
0.03%	5.59	33.42	5.03	13.98	13.77	17.85	89.64
0.04%	5.86	33.75	4.97	11.82	13.95	17.55	87.9

将各单项指标的得分除以各单项指标的满分所得百分数绘制成雷达图。如图5-10所示。

由图5-10可以看出,添加了烟草花蕾精油后的烟丝光泽度变好,油润感增强,精油添加比例越高,油润感越好。香气量变化不大,随着精油添加量的增加,花香逐渐明显。协调性随着精油添加比例的升高而有所下降。杂气量随着精油添加量的增大而增强,尤其是添加比例达到0.04%时,杂气量达到最大。添加了精油后的刺激性有所增强,只有在添加比例为0.02%时,刺激性与对照组相当。余味随着添加量的增加,干燥感升高。综合香气量、协调性、杂气、刺激性等因素,选择烟草花蕾精油添加量为0.02%作为最佳

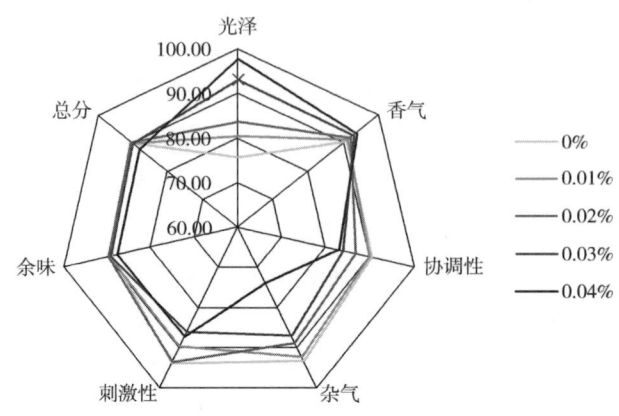

图 5-10 不同加香比例的感官雷达图

加香比例，进行下一步试验。

5.4.2.2 不同产地烟草花蕾精油加香效果

按照 5.4.2.1 确定的 0.02% 的比例，用 50% 的无水乙醇对精油进行稀释，对烟丝进行加香后，卷制。将评吸员的评吸结果，进行统计，感官评吸结果如表 5-19 所示。

表 5-19 不同产地烟草花蕾精油加香评吸表

产地	光泽	香气	协调性	杂气	刺激性	余味	总分
对照	4.53	32.64	5.43	14.97	15.02	17.75	90.34
重庆奉节	5.02	33.14	5.21	14.23	14.98	17.96	90.54
广西贺州	4.95	33.07	5.39	14.35	15.11	17.82	90.69
云南文山	5.07	33.11	5.45	14.83	14.89	17.97	91.32
贵州正安	4.99	32.95	5.21	14.42	14.67	17.63	89.87

将各单项指标的得分除以各单项指标的满分所得百分数绘制成雷达图，如图 5-11 所示。

由图 5-11 可以看出，4 种产地的烟草花蕾精油添加后除光泽有明显提升外，其余各项与对照组相差不大。其中，重庆奉节烟草花蕾精油的香气增加最多。协调性除云南文山比对照组增加以外，其余 3 种略有降低。4 种产地的精油的杂气均有所增加，云南文山的杂气感增加较少。对于刺激性除广西贺州的有所减少以外，其余 3 种的刺激性增强。余味方面，贵州正安的干燥感

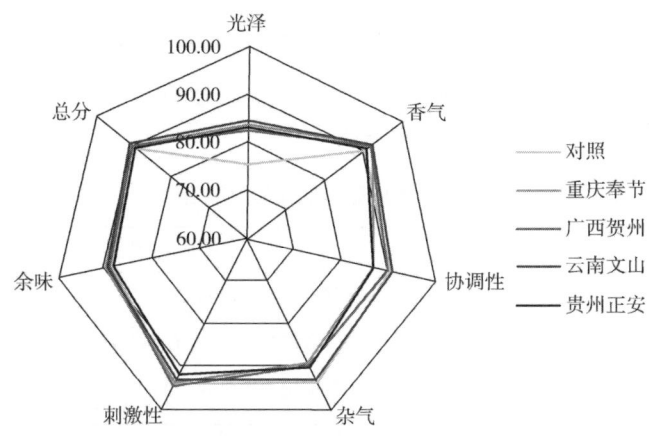

图 5-11　不同产地烟草花蕾精油加香效果雷达图

明显，其余几种与对照组相差不大。综合这 6 项指标可知，云南文山烟草花蕾精油对卷烟加香的影响效果较好。

5.4.3　烟草花蕾精油在电子烟液中的应用

5.4.3.1　雾化剂比例的确定

雾化剂比例对雾化效果和口感的感官影响，如表 5-20 所示。

表 5-20　水、丙二醇和丙三醇的比例对雾化效果和口感的感官影响表

水：丙二醇：丙三醇（体积比）	雾化效果及口感
1:2:7	烟雾量稀少，口感甜腻，烟弹内残留较大
1:3:6	烟雾量适中，口感甜腻，烟弹内残留较大
1:4:5	烟雾量适中，口感稍甜腻，烟弹内残留量较少
1:5:4	烟雾量适中，口感稍甜腻，烟弹内残留量少
1:6:3	烟雾量浓厚，口感香甜适中，烟弹内残留较少
1:7:2	烟雾量浓厚，香甜味微弱，烟弹内残留少

由表 5-20 可以看出，随着丙二醇比例的增加，烟弹内雾化剂的残留逐渐减少，烟雾量逐渐增加。随着丙三醇比例的减少，雾化剂的甜腻感逐渐降低。为了减少抽吸电子烟后口腔的干燥感，因此选择水：丙二醇：丙三醇（体积比）=1:6:3 作为本试验的雾化剂比例。

5.4.3.2 精油添加比例的确定

电子烟液的主要成分由雾化剂、香精香料以及烟碱组成。在雾化剂〔水:丙二醇:丙三醇（体积比）=1:6:3〕中按试验所设定的比例添加烟草花蕾精油，其感官评价结果如表5-21所示。

表5-21　　　精油不同添加比例的感官评价结果

雾化剂:精油（体积比）	口感描述
9:1	香气量淡薄，有淡淡烟草香和花香，有甜腻感
8:2	香气量适中，有烟草香和花香，微甜
7:3	香气量适中，有烟草香和木质气味，余味有干燥感
4:6	香气量浓郁，稍有苦焦气味，余味有干燥感
5:5	香气量浓郁，有苦焦气味，余味干燥感重

由表5-21可知，随着精油比例的增加，电子烟的香气量逐渐增加，从有淡淡的烟草和花香，逐渐变为苦焦气味。而余味从最初的有雾化剂的甜味逐渐变得干燥，刺激性增强。可见，在电子烟液中，精油的添加量并非越多越好。为了使电子烟液的口感协调，因此选择雾化剂:精油（体积比）=8:2为最佳精油添加量。

5.5 小　　结

（1）水蒸气蒸馏法提取不同产地烟草花蕾精油的最佳工艺条件虽然不相同，但是差异不大，都处于氯化钠10%~12%、料液比1:15~1:25，超声浸泡时间1.5~2.5h的范围内。在最佳工艺条件下，各产地的烟草花蕾精油提取率不同，重庆奉节、云南文山、广西贺州和贵州正安的精油提取率分别为0.566%、0.574%、0.614%、0.565%。

（2）四种产地的精油对细菌均有一定的抑菌性，其抑菌能力大小依次为云南文山＞广西贺州＞重庆奉节＞贵州正安，对真菌的抑菌效果无明显差异，抑菌效果较差。其中，云南文山烟草花蕾精油对大肠杆菌的抑菌效果最好，重庆奉节烟草花蕾精油对枯草芽孢杆菌的抑菌效果较好，而广西贺州烟草花蕾精油对多黏类芽孢杆菌的抑菌效果较好。

（3）抗氧化试验中，四种产地的烟草花蕾精油均具有一定的抗氧化能力，基本上呈现出抗氧化能力随着浓度的升高而增强的趋势。其中，贵州正安烟草花蕾精油清除·DPPH 和还原能力测定的试验效果最好，重庆奉节烟草花蕾精油清除·OH 的效果最好，广西贺州烟草花蕾精油清除 O_2^- 的效果最好。

（4）利用 GC/MS 对精油进行挥发性成分分析可知，烟草花蕾精油中含有大量的挥发性成分，包括醇类、杂环类、醛酮类、不饱和烃类（炔烃和烯烃）、酯类和酸类、萜类和饱和烃类化合物（烷烃）。对挥发性成分进行分析可知，烟草花蕾精油中含有大量的香味成分，如苯乙醇、柏木脑、2-正戊基呋喃、苯甲醛、苯乙醛、β-大马士酮、氧化石竹烯、γ-戊内酯、二氢猕猴桃内酯等。这些挥发性成分中，含有多种具有抑菌抗氧化能力的香味成分，如香叶基香叶醇、吲哚、氧化石竹烯、β-4,8,13-杜法三烯-1,3-二醇等。同时，这些挥发性成分中含有大量的具有抗氧化功能的基团，可使烟草花蕾精油具有独特的香味并且具有一定的抑菌和抗氧化能力。

（5）利用喷涂法将烟草花蕾精油在卷烟上进行加香，结果表明，加香比例为 0.02% 的烟草花蕾精油的感官效果最好。其中，云南文山烟草花蕾精油对卷烟加香的影响效果最好。采用感官评吸法，对烟草花蕾精油在电子烟液中的应用做了初步探讨，得到一个初步的电子烟液配方。即雾化剂的配比为水∶丙二醇∶丙三醇（体积比）=1∶6∶3，雾化剂∶精油（体积比）=8∶2，烟碱添加量依个人口味添加，一般选择 6mg/mL。

6 废弃烟叶酶解液制备烟用香料

使用复合纤维素酶及蛋白酶处理低次烟叶,其中对复合纤维素酶和蛋白酶的用量进行了优化,优化结果为:复合纤维素酶浓度为1000U/g烟末,木瓜蛋白酶浓度为4500U/g烟末。以混合酶解液为主要氮源,添加红糖、丙二醇和乙醛为主要碳源进行美拉德反应制备烟用香料。GC/MS分析,香料中共鉴定出45种化学成分,其中以酯类和酸性成分为主。将得到的产品加入烟丝中进行评吸,结果表明:产品对卷烟除杂、加香、降低刺激性、协调香味等具有较明显的效果,且生产过程简单,提高了低次烟叶的综合利用率。

6.1 废弃烟叶酶解液制备烟用香料流程

6.1.1 废弃烟叶酶解液的制备

将低次烟叶粉碎为100目的烟末,在烟叶末中加入12份重量的水,充分浸泡1h,升温至100℃后处理20min,然后降温冷却至50℃左右,用磷酸调整pH至5.0左右,加入优化后的纤维素复合酶,酶解4h后;用氢氧化钾调溶液pH至7.0,加入优化后的蛋白酶用量,接着酶解8h;待反应结束后在100℃下加热10min进行灭酶后,再冷却到25℃,最后过滤除杂,真空浓缩至可溶性固形物含量大约为40%即可。

6.1.2 美拉德反应制备烟用香料

将红糖为20份、固形物为25份、乙醛为1.5份溶于70份丙二醇中,调整混合物的pH至7.5,在电油锅高温下,升温至125℃,充分反应3h;慢慢降温终止反应,自然冷却。

6.2 纤维素复合酶浓度对还原糖浓度的影响

按上述方法进行试验,以纤维素复合酶浓度为横坐标,还原糖浓度为纵坐标作图,结果如图6-1所示。

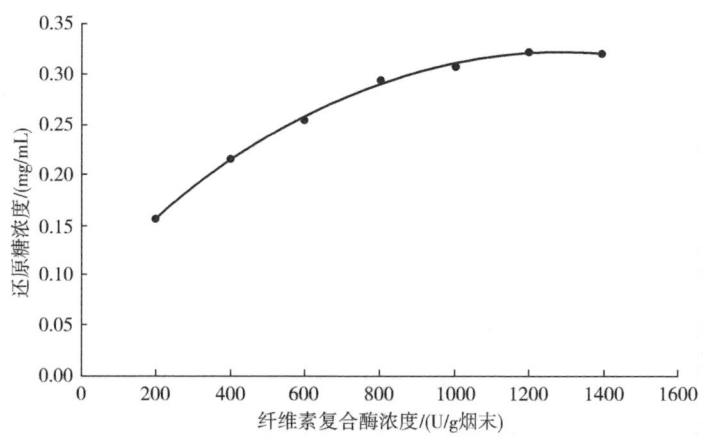

图6-1 纤维素复合酶浓度优化曲线

由图6-1分析可知:还原糖浓度的变化与纤维素复合酶量的变化呈正相关。随着纤维素复合酶用量的增加,还原糖浓度在一定范围内呈上升趋势。当纤维素复合酶浓度为1000U/g烟末时,还原糖浓度趋于最大值。再继续增加纤维素酶量,还原糖浓度会逐渐趋于平稳,其浓度大致维持在0.31mg/mL。因此,综合考虑,选择纤维素复合酶的浓度为1000U/g烟末。

6.3 蛋白酶浓度对酪氨酸浓度的影响

按上述方法进行试验,以蛋白酶浓度为横坐标,酪氨酸浓度为纵坐标作图,如图6-2所示。

由图6-2可见,蛋白酶浓度与酪氨酸正相关,即与蛋白质的降解程度正相关。随着蛋白酶浓度的增加,酪氨酸浓度呈先上升后平稳的趋势。在蛋白酶浓度为5500U/g烟末时,酪氨酸浓度基本达到最大39.07mg/mL。综合考虑,选择蛋白酶浓度为5500U/g烟末。

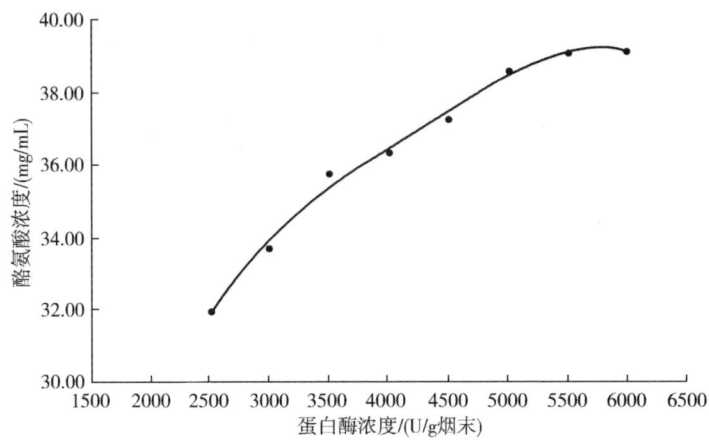

图 6-2 蛋白酶浓度优化曲线

6.4 制备的烟用香料挥发性香味成分分析

对所得烟用香料进行同时蒸馏萃取后,用 GC/MS 定性分析所得烟用香料的挥发性香气成分,同时采用归一化法进行定量分析,结果如表 6-1 所示。

表 6-1　　　　　　　香料样品挥发性成分分析

序号	保留时间/min	化合物名称	含量/%
1	5.11	1,2-丙二醇乙酸酯	0.12
2	5.43	4,6-二甲基嘧啶	0.19
3	5.49	1-庚烯	0.03
4	6.47	正十二烷酸	0.08
5	6.58	2-甲基乙二醇	0.11
6	7.04	1-甲氧基-2-甲基-2-丙醇	0.34
7	7.11	丁香酚	0.52
8	7.3	1,2-二甲氧基丙烷	0.44
9	7.48	呋喃酮	4.62
10	7.87	苯乙醛	0.21
11	8.53	3,5-二甲基-2-乙基吡嗪	0.16

续表

序号	保留时间/min	化合物名称	含量/%
12	9.71	α-异亚硝基苯丙酸	0.39
13	9.98	十五烷	0.03
14	10.05	(R-)正丁酸-4-(1,1-二甲基)-3-羟基甲酯	0.16
15	11.04	2-(2-甲氧乙基)-环己酮	0.05
16	11.19	2-亚乙基-6-甲基-3,5-二烯醛	0.03
17	11.88	2.5-二甲基吡嗪	0.04
18	12.21	5,6-二氢-2,6-二甲基-2-氢-噻喃-3-苯基苯甲醛	0.05
19	12.96	醋酸甲酯	0.54
20	13.46	烟碱	32.38
21	14.18	2-环己基哌啶	0.03
22	14.69	β-二氢大马酮	10.57
23	15.84	2,6,10-三甲基正十四烷	0.23
24	16.2	2,3-二氢-5,6-甲氧基-3-甲基-1H-茚酮	0.06
25	17.59	巨豆三烯酮	0.12
26	18.4	3-羟基-β-大马酮	0.68
27	18.65	乙酸甲酯	0.36
28	18.99	4-(3-羟基-1-丁烯-1-基)-3,5,5-三甲基-2-环己烯酮	0.26
29	19.07	3-丁烯-2-酮	0.18
30	19.33	黄藤内酯	0.04
31	20.03	苯乙酸乙酯	0.98
32	20.16	吡啶吡咯酮	0.08
33	21.17	十八烷	0.04
34	21.49	呋喃酮	0.06
35	22.12	正三十七醇	0.06
36	23.37	十八碳三烯酸乙酯	1.15
37	23.5	叶酸	0.06
38	25.63	新植二烯	9.16

续表

序号	保留时间/min	化合物名称	含量/%
39	26.12	(3β,5Z,7E)-9,10-丙氧基-5,7,10(19)-三烯-3,24,25-三醇	0.05
40	28.68	十八碳三烯酸乙酯	1.40
41	29.35	2,2′-双亚甲基-4-甲基-6-叔丁基苯酚	0.11
42	29.6	3-乙基-5-(2-乙丁基)-十八烷	0.04
43	30.8	邻苯二甲酸二异辛酯	6.13
44	33.62	棕榈酸甲酯	0.91
45	34.53	芥酸酰胺	0.18

由表6-1可知,从此烟草香料中共鉴定出45种化学成分,占香料样品中提取出的成分总数的73.63%。其中,以烟碱、新植二烯、邻苯二甲酸二异辛酯、β-二氢大马酮、十八碳三烯酸乙酯、呋喃酮含量相对较高,均在1%以上,其次为丁香酚、醋酸甲酯、苯乙酸乙酯、3-羟基-β-大马酮、棕榈酸甲酯等,其余的29种成分相对含量较低,均在0.4%以下。其中,所含的酯类如邻苯二甲酸二异辛酯、棕榈酸甲酯等可改善和提高烟气的香味,酮类如3-羟基-β-大马酮、巨豆三烯酮、β-二氢大马酮等是重要的香味成分;醇类如2-甲基乙二醇、1-甲氧基-2-甲基-2-丙醇等,醛类如苯乙醛、2-亚乙基-6-甲基-3,5-二烯醛等和芳香类化合物等成分,能改善烟气粗劣而使其具有柔和淡甜的吸味。

6.5 烟用香料感官评吸对比

卷烟Ⅰ号为未添加烟用香精的成品卷烟;卷烟Ⅱ号为添加蒸馏水与烟用香精比例为1:1的成品卷烟;卷烟Ⅲ号为添加蒸馏水与烟用香精比例为1:2的成品卷烟。评吸结果如图6-3所示。

由图6-3可以看出,低次烟叶生物酶解制备的烟用香精使用在卷烟上之后,卷烟在光泽、香气、协调、杂气、刺激性及余味方面均有一定程度的提升。感官评吸得分总分均有提高。其中,卷烟Ⅱ号提升较多,提升了14分。

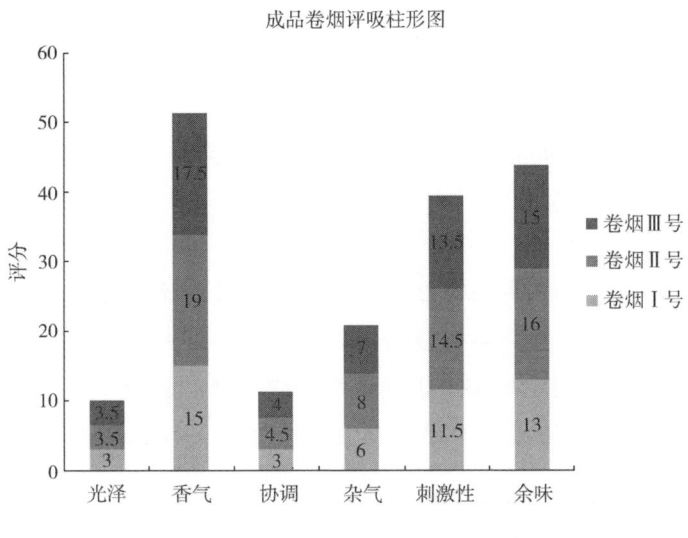

图 6-3 成品卷烟评吸柱形图

6.6 小 结

本章探讨了纤维素复合酶和木瓜蛋白酶的使用浓度对低次烟叶中的纤维素和蛋白质的降解影响。利用此烟叶酶解液作为美拉德反应的主要原料制备烟用香料,对烟用香料分析,鉴定出 45 种挥发性化学成分,其中以酯类和酸性成分为主,所含的酯类、醇类、醛类和芳香类化合物等成分能改善烟气的粗劣性而使其具有柔和淡甜的吸味,而酯类则可改善和提高烟气的香味。通过感官评吸分析,该产品具有较明显的去除卷烟杂气、降低刺激性、增加香气、协调香味的功效。生产过程简单,质量稳定,具有较好的应用价值。

7 打顶废弃烟叶美拉德反应制备烟用香料

打顶废弃烟叶中提取出浸膏,并对浸膏进行美拉德反应增香,从而制备烟用香料。品质最好的香料组的制备条件为温度120℃、pH 12、加热时间180min。与未添加任何香料的空白组对比,该香料的添加能显著提高卷烟的感官质量,且进行美拉德反应有助于香料感官品质的提升。

7.1 不同反应条件对烟用香料评吸效果的影响

7.1.1 浸膏美拉德反应单因素试验条件

温度对美拉德反应的影响:准确称取2mL的烟叶浸膏,加入2.5mL的丙二醇,KOH溶液调pH至8,反应时间为180min,反应温度分别为80℃、100℃、120℃、140℃。

pH对美拉德反应的影响:pH分别为6、8、10、12,反应温度100℃,反应时间为180min,方法同上进行反应。

反应时间对美拉德反应的影响:加热时间分别为60、120、180、240min,pH为8,反应温度为100℃。

制备好的烟用香料,取叶组配方质量的1%,注射加入空白叶组配方卷烟中,每组烟用香料制成10支烟。放入恒温恒湿箱中平衡48h以上,按照国家标准进行评吸打分。

7.1.2 不同反应条件对烟用香料评吸效果的影响

试验选取反应温度、pH、加热时间三个因素、以评吸得分为试验指标进行试验。单因素试验结果如表7-1、表7-2和表7-3所示。空白组评吸得分为70,其中感官质量表现为刺激性大、没有明显的香气,未进行美拉德反应的浸膏组评吸得分为75,感官质量表现为刺激性、杂气均较大,有香气,但表现不明显。表 7-1、表 7-2 和表 7-3 中可以看出通过对浸膏进行美拉德反应可以提高浸膏的感官质量，从而应用于卷烟加香中。

表 7-1   不同反应温度制备的香料加香评吸结果

温度/℃	平均得分	感官质量
80	84.5	略有杂气，与空白烟对照香气略有提升
100	88.0	刺激性减小，香气增加
120	89.0	刺激性小，香气浓郁、协调
140	81.5	出现苦涩气息，出现与烟香不协调气味

表 7-2   不同 pH 制备的香料加香评吸结果

pH	平均得分	感官质量
6	81.5	刺激性略有减小，香气略有增加
8	87.0	刺激性减小，香气增加
10	85.3	刺激性小，香气醇和浓郁、协调性好
12	83.7	略有杂气，香气不协调

表 7-3   不同加热时间制备的香料加香评吸结果

加热时间/min	平均得分	感官质量
60	81.8	有刺激性，出现苦涩气息
120	84.7	刺激性减小，香气略有提升
180	87.8	刺激性小，香气量大
240	88.8	香气协调，醇和

7.2　浸膏美拉德反应增香正交试验

根据单因素试验结果，三个试验小组中，按照每个因素的结果对比每组取感官评吸得分较高的三组水平进行后续正交试验，从而得到最优的烟用香料制备工艺条件。正交试验因素水平设计表如表 7-4 所示。

由单因素试验结果选取各试验因素水平，进行正交试验优化。表 7-6 为正交试验的方差分析结果，表明试验选择的三个试验因素即反应温度、pH、反应时间均对美拉德反应制备的烟用香料感官质量有显著影响。表 7-5 为美拉德反应制备烟用香料的正交试验结果极差分析。表 7-6 结果表明反应温度、反应 pH、加热时间三个因素对评吸得分的影响大小为 B > C > A，也就是 pH 对美拉德反应制备的香料的感官质量影响最大，时间对美拉德反应制备烟用香料感官质量影响较小，温度的影响最小。通过极差分析得到最优条件为反应温度 120℃、pH = 12、加热时间 180min，而此组条件在所有试验中并没有进行，因此需要做验证试验，对优化结果进一步验证。验证试验结果如表 7 - 7 所示，结果表明其感官质量优于其余各组，优化结果合理，最优条件为反应温度 120℃、pH 为 12、加热时间 180min。

表 7 - 4　　美拉德反应制备烟用浸膏正交试验因素水平表

水平	因素		
	A 温度/℃	B pH	C 加热时间/min
1	80	8	180
2	100	10	210
3	120	12	240

表 7 - 5　　美拉德反应制备烟用浸膏正交试验结果极差分析表

试验号	因素			得分平均值
	A	B	C	
1	1	1	1	85.2
2	1	2	2	87.2
3	1	3	3	89.2
4	2	1	2	85.8
5	2	2	3	85.0
6	2	3	1	91.7
7	3	1	3	87.3
8	3	2	1	92.5
9	3	3	2	87.8
k_1	87.2	86.1	89.8	
k_2	87.5	88.2	86.9	
k_3	89.2	89.6	87.2	
优水平	3	3	1	
极差 R	2	3.5	2.9	
主次顺序	B > C > A			

表7-6　美拉德反应制备烟用浸膏正交试验结果方差分析

主体间效应的检验					
因变量:	评吸得分				
源	Ⅲ型平方和	df	均方	F	Sig.
校模型	120.889*	6	20.148	5.630	.001
截距	208912.037	1	208912.037	58376.455	.000
反应温度	21.907	2	10.954	3.061	.069
pH	54.296	2	27.148	7.586	.004
处理时间	44.685	2	22.343	6.243	.008
误差	71.574	20	3.579		
总计	209104.500	27			
校正的总计	192.463	26			

注: * $R^2 = 0.628$（调整 $R^2 = 0.517$）。

表7-7　美拉德反应最优条件下制备香料感官质量评吸结果

项目	光泽	香气	协调	杂气	刺激性	余味	总分
分数	4.5	31	5.5	11	19	22	93

7.3　烟用香料 GC/MS 结果分析

美拉德反应制备烟用香料中质量最优的小组进行香气成分分析，从而鉴定出其中的挥发性香气成分。

经过 GC/MS 分析共鉴定出 29 种物质，其中吡嗪类 4 种，醇类 6 种，脂类 3 种，醛类 2 种，酮类 2 种，烯类 2 种，胺类 1 种。其中含量最高的是烟碱，其香气物质如巨豆三烯酮具有烟草的甘甜香气，能够改善烟香，使其柔和丰满，并且掩盖杂气；苯甲醇，存在于多种植物精油中，有令人愉快的香气特征；二氢猕猴桃内酯，具有类似香豆素的香气，并伴有类似麝香样香气。香气浓度大，香气阈值低，是烟草中关键的致香物质，对烟草香气贡献突出。如表7-8所示。

2-甲基-6-吡嗪、2-乙基-5-甲基吡嗪、2,3,5-三甲基吡嗪、2,3-乙基二甲胺吡嗪，这些吡嗪类物质可以由食品中氨基酸和糖类发生美拉德反应而产生,其带有明显的肉香,可可制品等坚果香,类似咖啡的烘烤香,以及马铃薯香、青豌豆香等,其在极低的浓度下即可表现出强烈的香气特征。将废弃烟叶经过处理后得到含有致香物质的香料,可以成为烟草香料的物料来源,为卷烟的实际生产提供新方向。

表7-8　制备烟用香料GC/MS分析挥发性香气成分

序号	保留时间/min	成分	含量/(μg/mL)	Qual
1	8.67	2-辛基环丙基辛醛(Cyclopaneoctanal,2-octyl-)	8.04	91
2	12.34	2-甲基-6-吡嗪(Pyrazine,2-ethyl-6-methyl-)	0.88	91
3	12.52	2-乙基-5-甲基吡嗪(Pyrazine,2-ethyl-5-methyl-)	0.45	94
4	12.63	2,3,5-三甲基吡嗪(Pyrazine,trimethyl-)	0.74	90
5	13.63	1-(2-甲氧基-1-甲基乙氧基)异丙醇/2-Propanol,[1-(2-methoxy-1-methylethoxy)-]	1.64	90
6	15.45	苯甲醇(Benzyl alcohol)	0.09	97
7	16.82	2,3-乙基二甲胺吡嗪(Pyrazine,3-ethyl-2,5-dimethyl-)	0.69	94
8	33.66	烟碱[Pyridine,3-(1-methyl-2-pyrrolidinyl)-,(S)-]	202.55	96
9	35.10	Tricyclo[2.2.1.0(2,6)]heptane,1,7,7-trimethyl-	1.14	81
10	36.42	1-Butanamine,3-methyl-N-(2-pHenylethylidene)-	0.57	91
11	50.64	2(4H)-Benzofuranone,二氢猕猴桃内酯[5,6,7,7a-tetrahydro-4,4,7a-trimethyl-,(R)-]	0.23	96
12	54.29	巨豆三烯酮(Megastigmatrienone)	1.05	99
13	55.16	(+)-香橙烯(Aromandendrene)	0.36	82
14	58.54	1,2-Dicarbadodecaborane(12),1-[(propylthio)methyl]-	1.85	78
15	60.33	邻苯二甲酸异丁酯(1,2-Benzenedicarboxylic acid,butyl 2-methylpropyl ester)	0.59	93
16	61.15	(1R,2S,8R,8Ar)-8-hydroxy-1-(2-hydroxyethyl)-1,2,5,5-tetramethyl-trans-decalin	0.31	83
17	61.60	2(1H)-NapHthalenone,octahydro-4a,7,7-trimethyl-,trans-	0.13	91

续表

序号	保留时间/min	成分	含量/(μg/mL)	Qual
18	61.85	柏木脑(Cedrol)	0.69	86
19	62.00	2-甲基-Z,Z-3,13-十八碳二烯醇(2-Methyl-Z,Z-3,13-octadecadienol)	0.21	94
20	62.08	1,2-Benzisothiazole,3-(hexahydro-1H-azepin-1-yl)-,1,1-dioxide	0.51	91
21	62.57	2-甲基-Z,Z-3,13-十八碳二烯醇(2-Methyl-Z,Z-3,13-octadecadienol)	0.54	91
22	62.75	2(1H)-NapHthalenone,octahydro-4a,7,7-trimethyl-,trans-	0.41	93
23	63.26	(4-环己基乙基)-1-戊基-环己烯[Cyclohexene,4-(4-ethylcyclohexyl)-1-pentyl-4-]	0.89	90
24	63.55	1,1,6-trimethyl-3-methylene-2-(3,6,9,13-tetramethyl-6-ethene-10,14-dimethylene-pentadec-4-enyl)cyclohexane	0.37	92
25	64.53	雄烯二酮(Androstenedione)	0.17	87
26	65.07	油酸酰胺[9-Octadecenamide,(Z)-]	2.33	99
27	65.41	油酸(Oleic Acid)	0.05	91
28	65.48	2-辛基环丙基辛醛(Cyclopropaneoctanal,2-octyl-)	0.06	92
29	65.83	2-甲基-Z,Z-3,13-十八碳二烯醇(2-Methyl-Z,Z-3,13-octadecadienol)	0.44	96

7.4 小　　结

本章介绍从鲜烟叶中提取出浸膏,并对浸膏进行美拉德反应增香,从而制备烟用香料。通过评吸试验得到品质较高的香料组,进行GC/MS挥发性香气成分分析,证明其含有大量的烟草香气物质。品质最好的香料组的制备条件为温度120℃、pH为12、加热时间为180min。与未添加任何香料的空白组对比，该香料的添加能显著增加卷烟的感官质量，且进行美拉德反应有助于香料感官品质的提升。大田烟叶废弃物作为一种可利用资源，其本身具有与烟草香气相符合的产香潜力。将其内在成分进行开发利用，不仅可提高资源的可利用率，也能在烟草增香方面提供新思路和途径。

第3部分 Part 3
废弃烟叶的提质与利用

8 复合酶处理低次烟叶对烟叶品质的影响

通过单一酶对晒红烟 Y23 进行处理，得出了单一酶的最适用量范围：α-淀粉400~600U/g 烟叶，半纤维素酶500~700U/g 烟叶；纤维素酶400~600U/g 烟叶，蛋白酶250~400U/g 烟叶，果胶酶350~550U/g 烟叶。在此基础上进行正交试验，得到复合酶制剂的最佳浓度配比：α-淀粉酶400U/g 烟叶，纤维素酶600U/g 烟叶，半纤维素酶600U/g 烟叶，果胶酶500U/g 烟叶，蛋白酶450U/g 烟叶。复合酶制剂处理晒红烟 Y23，总糖明显增加，蛋白质和总氮含量降低，烟碱有小幅的增加，施木克值增加显著。评吸发现复合酶制剂能够降低烟刺激性，减少杂气，改善烟香，增加余味。GC/MS 分析得出，酶处理前后，烟叶中醇类和酯类的总量相差不大；杂环类化合物和新植二烯含量上均高于对照样品，其中酮类、酸类的总量增加相对明显，新植二烯含量在加酶前后基本无变化。

8.1 试验方法

8.1.1 单因素试验

用纯净水配制酶溶液，并设置一定浓度梯度添加酶制剂，每个浓度设3个平行试验。对照组以纯净水代替酶溶液。于相对湿度为65%的恒温恒湿箱中，50℃条件下放置24h。反应结束后，取出，于80℃烘箱中干燥4h，研磨粉碎并过80目筛，备用。α-淀粉酶浓度设置：100、200、300、400、500、600U/g 烟末；纤维素酶浓度设置：100、200、300、400、500、600、700U/g 烟末；半纤维素酶浓度设置：150、300、450、600、900U/g 烟末；蛋白酶浓度设置：50、100、150、200、250、300U/g 烟末。

8.1.2 正交试验确定复合酶浓度配比

根据单因素试验结果选定适当的浓度水平,并使用 DPSv7.05 设计试验方案。除蛋白酶外,将其他酶按照试验方案进行混合添加,12h 后再添加蛋白酶,继续反应 12h。反应结束后,取出,于 80℃ 烘箱中干燥 4h,研磨粉碎并过 80 目筛,备用。

8.2 不同酶浓度对烟叶中还原糖、蛋白质、果胶含量的影响

8.2.1 不同酶浓度对烟叶中还原糖含量的影响

不同酶浓度对烟叶中还原糖含量的影响如图 8-1 所示。

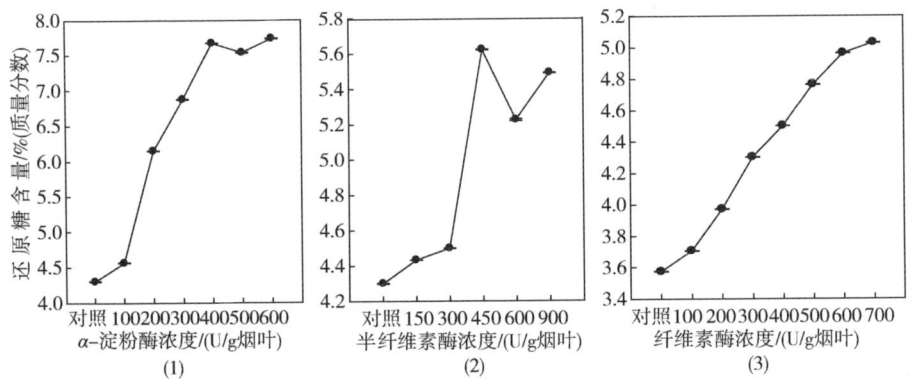

图 8-1 α-淀粉酶、半纤维素酶、纤维素酶浓度范围的选定

由图 8-1 可知,随着酶浓度的增加,烟叶中还原糖的含量呈相似的趋势,即先随酶浓度增加而增加,之后趋于平稳,淀粉、半纤维素、纤维素降解程度趋于最大。根据上述试验结果,选定 α-淀粉酶在 400~600U/g 烟叶浓度范围进行下一步正交试验;半纤维素酶浓度范围选定在 500~700U/g 烟叶;纤维素酶浓度范围选定在 400~600U/g 烟叶。

8.2.2 不同酶浓度对烟叶中蛋白质含量的影响

蛋白酶浓度对烟叶中蛋白质含量的影响如图 8-2 所示。

由图 8-2 可以看出,烟叶中残留的蛋白质含量随添加的蛋白酶浓度的增加而减少,之后趋于平缓,烟叶中蛋白质降解程度趋于最大。因此,选择蛋

8 复合酶处理低次烟叶对烟叶品质的影响

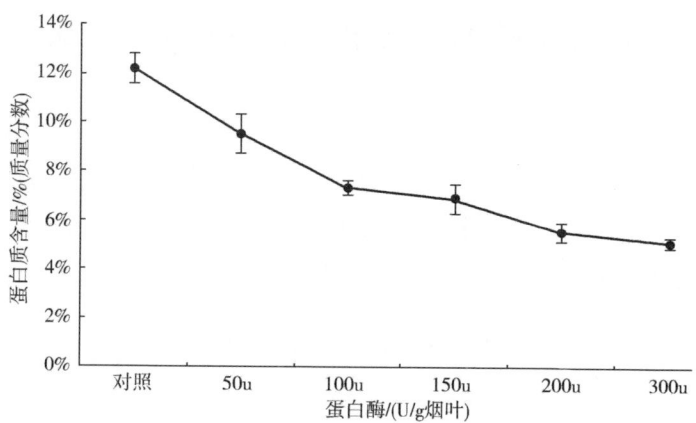

图 8-2 蛋白酶浓度范围的选定

白酶在 250~400U/g 烟叶的浓度范围进行正交试验设计。

8.2.3 不同酶浓度对烟叶中果胶含量的影响

果胶酶浓度对烟叶中果胶含量的影响如图 8-3 所示。

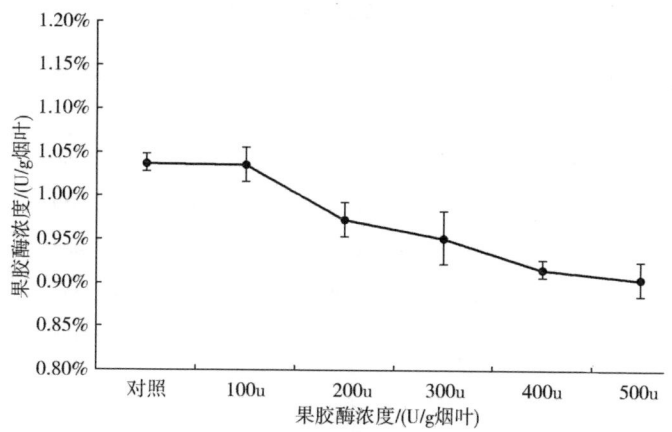

图 8-3 果胶酶浓度范围的选定

由图 8-3 可以看出,烟叶中残留的果胶含量随添加的果胶酶浓度的增加而减少,之后趋于平缓,烟叶中果胶降解程度趋于最大。因此,选择果胶酶在 350~550U/g 烟叶的浓度范围进行正交试验设计。

8.3 正交试验确定复合酶中各酶浓度的配比

根据 8.2 试验结果,以 α - 淀粉酶、半纤维素酶、纤维素酶、蛋白酶、果胶酶的浓度为因素,每个因素设计 4 个水平,以较能反应烟叶内在品质的施木克值(总糖/蛋白质)作为指标,按正交表 $L_{16}(4^5)$ 安排试验,因素水平表、试验方案和试验结果,如表 8 – 1 和表 8 – 2 所示。

表 8 – 1　　　　　　　$L_{16}(4^5)$ 正交试验设计表

编号	α - 淀粉酶 /(U/g)	纤维素酶 /(U/g)	半纤维素酶 /(U/g)	果胶酶 /(U/g)	蛋白酶 /(U/g)
1	400	600	500	400	300
2	450	650	550	450	350
3	500	700	600	500	400
4	550	750	650	550	450

表 8 – 2　　　　　　　正交试验设计及试验结果

试验号	α - 淀粉酶 /(U/g)	纤维素酶 /(U/g)	半纤维素酶 /(U/g)	果胶酶 /(U/g)	蛋白酶 /(U/g)	施木克值
1	1 (400)	1 (600)	1 (500)	1 (400)	1 (300)	1.034
2	1	2 (650)	2 (550)	2 (450)	2 (350)	0.635
3	1	3 (700)	3 (600)	3 (500)	3 (400)	1.071
4	1	4 (750)	4 (650)	4 (550)	4 (450)	0.923
5	2 (450)	1	2	3	4	0.934
6	2	2	1	4	3	0.922
7	2	3	4	1	2	0.666
8	2	4	3	2	1	0.793
9	3 (500)	1	3	4	2	0.731
10	3	2	4	3	1	0.698
11	3	3	1	2	4	0.810
12	3	4	2	1	3	0.705
13	4 (550)	1	4	2	3	0.735

续表

试验号	α-淀粉酶 /(U/g)	纤维素酶 /(U/g)	半纤维素酶 /(U/g)	果胶酶 /(U/g)	蛋白酶 /(U/g)	施木克值
14	4	2	3	1	4	1.019
15	4	3	2	4	1	0.738
16	4	4	1	3	2	0.834
k_1	0.916	0.858	0.900	0.856	0.816	
k_2	0.829	0.819	0.753	0.743	0.717	
k_3	0.736	0.821	0.903	0.884	0.858	
k_4	0.831	0.814	0.755	0.828	0.921	
R	0.180	0.045	0.148	0.141	0.205	
最优水平	1	1	3	3	4	

对试验结果进行极差分析,由表8-2可知,对于低次烟叶晒红烟Y23来说,在五种酶对施木克值的影响中,蛋白酶影响最大,其次是淀粉酶,半纤维素酶和果胶酶影响次之,影响相对较小的是纤维素酶。取各因素的最高水平,组成复合酶的最优配比:α-淀粉酶浓度取400U/g烟叶,纤维素酶600U/g烟叶,半纤维素酶600U/g烟叶,果胶酶500U/g烟叶,蛋白酶450U/g烟叶。按此最优配比,以未经酶处理的烟丝作为对照组,测酶制剂处理前后烟叶中总糖、蛋白质、总氮、烟碱、施木克值的变化,试验结果,如表8-3所示。

表8-3 复合酶液处理前后低次烟叶化学成分含量的变化

化学成分	总糖/%	蛋白质/%	总氮/%	烟碱/%	总糖/蛋白质(施木克值)
对照组	4.84	10.70	1.73	0.45	0.69
验证组	7.61	10.11	1.60	0.66	1.08

由表8-3结果可知,使用最优配比复合酶制剂处理烟丝,试验组中总糖明显增加,蛋白质和总氮含量降低,烟碱有小幅的增加,施木克值增加较明显,与上述结论一致,即复合酶最优比例为:α-淀粉酶400U/g烟叶,纤维素酶600U/g烟叶,半纤维素酶600U/g烟叶,果胶酶500U/g烟叶,蛋白酶450U/g烟叶。

8.4 复合酶处理前后烟叶中挥发性化学成分的变化及感官评吸

取 8.3 验证试验中的对照组和试验组烟丝,并使用 GC/MS 分析复合酶处理前后烟叶中挥发性化学成分的变化。结果如表 8-4 所示。

表 8-4　　复合酶处理前后烟叶中主要的挥发性化学成分

序号	化合物名称	浓度/(μg/g)	
		对照组	试验组
1	1-甲基 2-吡咯烷酮	10.75	30.91
2	2-环戊烯-1,4-二酮	0.92	1.04
3	尼古丁	2.76	0.43
4	2,6,20,15-四甲基十七烷	0.05	0.15
5	芳樟醇	0.57	1.03
6	6-甲基正十八烷	0.10	0.27
7	4-(3-羟基-1-丁烯基)-3,5,5-三甲基-2-环己烯酮	0.74	1.87
8	柠檬酸三乙酯	1.26	3.08
9	α-香附酮	1.42	1.48
10	植物醇	34.95	34.66
11	茄酮	5.31	6.02
12	β-大马酮	3.12	3.21
13	十五烷酮	5.78	3.13
14	3-乙基-5-(2-乙丁基)-正十八烷	2.17	2.38
15	肉豆蔻酸甲酯	2.12	2.24
16	乙基异胆甾醇	1.09	2.39
17	3-乙基-5-(2-乙丁基)-十八烷	0.12	2.60
18	(4E,8E,13Z)-1,5,9-三甲基-12-(1-甲基乙基)-环十四碳-4,8,13-三烯-1,3-二醇	9.20	9.83
19	十八碳烯酰胺	22.42	19.00
20	1-甲基-5-(3-吡啶基)-2-吡咯烷酮	1.36	4.52
21	二氢猕猴桃内酯	1.12	1.43

续表

序号	化合物名称	浓度/(μg/g) 对照组	浓度/(μg/g) 试验组
22	巨豆三烯酮	2.02	4.01
23	9,12.15-十八碳三烯酸	2.30	10.28
24	新植二烯	110.70	117.63
25	正十八烷酸甲酯	8.77	4.30
26	十八碳烯酰胺	1.29	15.24
27	亚麻酸甲酯	15.69	20.96
28	肉桂酸苄酯	8.90	10.75
29	三十六烷	30.02	39.27
30	棕榈酸	29.14	36.97

由表8-4可以看出，烟叶中挥发性化合物主要为醇、酮、酯、酸、烃、杂环类化合物六个类别和新植二烯这一含量大、作用显著的化合物。在醇类和酯类的总量上，两组样品相差不大；杂环类化合物如1-甲基2-吡咯烷酮、1-甲基-5-（3-吡啶基）-2-吡咯烷酮以及新植二烯含量上均高于对照样品，可增加烟气中的甜、坚果和焦糖香；其中酮类如2-环戊烯-1,4-二酮、4-（3-羟基-1-丁烯基）-3,5,5-三甲基-2-环己烯酮、α-香附酮、茄酮、β-大马酮等，酸类如9,12,15-十八碳三烯酸、棕榈酸的总量较未加酶制剂前的对照样增加相对明显，可改善烟叶的光泽，调节烟草的酸碱度，使吸味醇和，烟气平衡；而新植二烯含量在加酶前后几乎无变化。

对试验组和对照组进行评吸，评吸结果如表8-5所示。

表8-5　　　　　　　　感官评吸结果

卷烟样品	颜色(9)	光泽(6)	香味(40)	杂气(15)	刺激(10)	余味(20)	总分合计
对照组	6	3.5	22	8	5	10	58.5
试验组	5.5	3.5	25	10	7	12	65

由此可见，复合酶制剂的使用有效降低了烟丝燃吸时的刺激性，减少了杂气，对烟香有改善效果，且增加了余味，对低次烟叶的感官品质有了一定的提升效果。

8.5 小　　结

本章通过单一酶对晒红烟 Y23 进行处理，得出了单一酶的最适用量范围：α-淀粉酶浓度范围选定在 400~600U/g 烟叶，半纤维素酶浓度范围选定在 500~700U/g 烟叶；纤维素酶浓度范围选定在 400~600U/g 烟叶，蛋白酶浓度范围选定在 250~400U/g 烟叶，果胶酶浓度范围选定在 350~550U/g 烟叶。在此基础上进行 $L_{16}(4^5)$ 正交试验，确定了复合酶制剂的最佳浓度比例：α-淀粉酶浓度取 400U/g 烟叶，纤维素酶 600U/g 烟叶，半纤维素酶 600U/g 烟叶，果胶酶 500U/g 烟叶，蛋白酶 450U/g 烟叶。

用此复合酶制剂处理晒红烟 Y23，总糖明显增加，蛋白质和总氮含量降低，烟碱有明显减少，施木克值增加显著。对复合酶处理前后的烟样进行同时蒸馏萃取并用 GC/MS 分析得出在烟叶的挥发性成分中醇类和酯类的总量，两组样品含量相差不大；杂环类化合物和新植二烯含量均高于对照样品，其中酮类、酸类的总量较未加酶制剂前的对照样增加相对明显；而新植二烯含量在加酶前后几乎无变化。评吸发现复合酶制剂能够降低烟丝燃吸时的刺激性，减少杂气，对烟香有改善效果，且增加了烟丝的余味，对其感官品质有一定的提升效果。

9 废弃烟叶中类胡萝卜素的降解

本章介绍了从烟草土壤中分离到了一株能够有效降解 β-胡萝卜素的菌株,但经气相色谱分析,并未发现有新的香味代谢产物。经初步鉴定,该菌株于丝孢酵母的匹配度较高。而用臭氧处理低次烟叶,发现类胡萝卜素和叶绿素 a 含量随处理时间呈现先下降后趋平稳的趋势;进一步气相分析得出,烟叶中化合物主要为醇、酮、酯、酸类物质和新植二烯。臭氧处理前后,醇类和酯类在总量上均有提升,而尼古丁、新植二烯、碳十八酸的含量则有所减少,这有利于减少烟气中的不愉快成分。

9.1 类胡萝卜素降解微生物降解效果分析及菌株鉴定

9.1.1 类胡萝卜素降解微生物的效果分析

通过大量的初筛和复筛,选择可能的菌添加 β-胡萝卜素标品进行液体发酵。结合 HPLC 对发酵产物进行分析。结果如图 9-1 所示,有 3 株菌对 β-胡萝卜素具有明显的降解作用。但进一步对提取液进行气相分析,结果并未发现新的香味代谢物。这与德国 H. Zorn 博士的研究小组在该方面的研究结果相似。推测其原因是:该菌对 β-胡萝卜素的代谢过于彻底,将其降解为了小分子的 CO_2 和 H_2O。因此没有新的香味代谢产物。

9.1.2 MALDI TOF 质谱仪对有效菌株的初步鉴定分析

虽然筛选出的微生物菌株不能转化 β-胡萝卜素产生新的香味物质,但其对 β-胡萝卜素的降解效果明显,因此,对以上三个菌株进行了初步鉴定。经鉴定 XT1、XT2、XT3 为同一种属的菌株,对其进行 MALDI TOF 质谱分析,结果如图 9-2 所示。数据库检索显示:筛选菌株与丝孢酵母的匹配度较高。

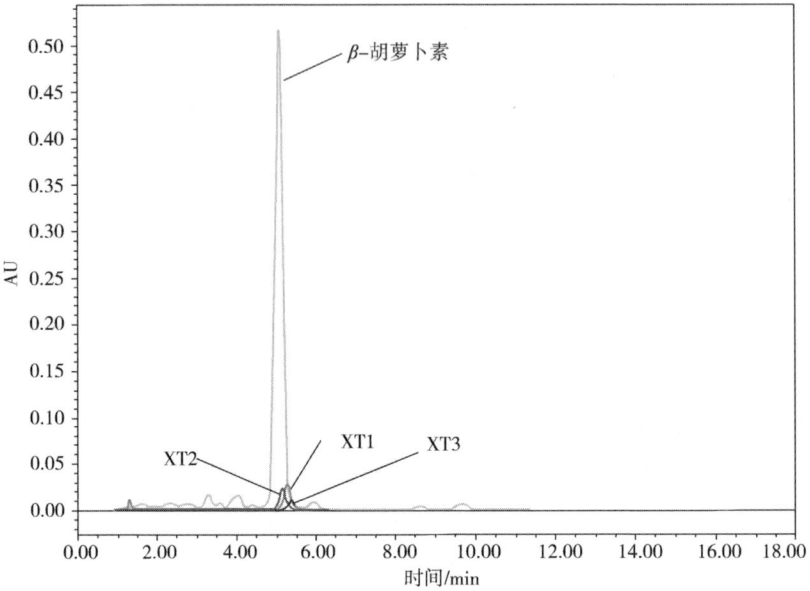

图9-1 筛选菌株转化 β -胡萝卜素发酵产物液相色谱图

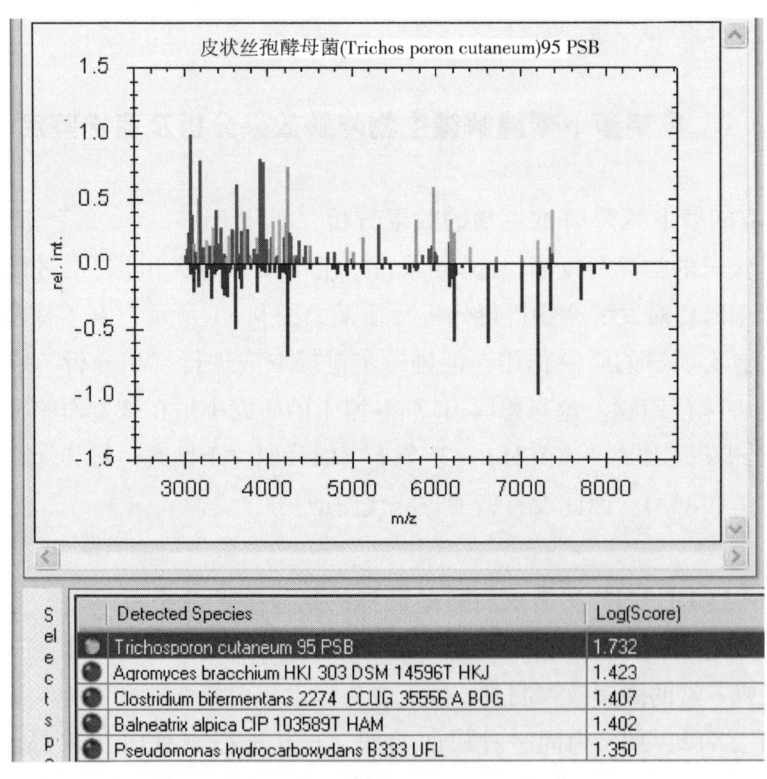

图9-2 筛选菌株 MALDI TOF 质谱图

9.2 臭氧处理对烟叶的影响

9.2.1 臭氧处理对烟叶中类胡萝卜素的影响

对臭氧处理过的烟末进行检测,发现,随着臭氧处理时间的增加,烟叶中的叶绿素 b 含量变化不明显,而类胡萝卜素和叶绿素 a 均呈现先减少后趋于平稳的趋势,在 30min 时,类胡萝卜素和叶绿素 a 含量达到基本稳定,如图 9 – 3 所示。

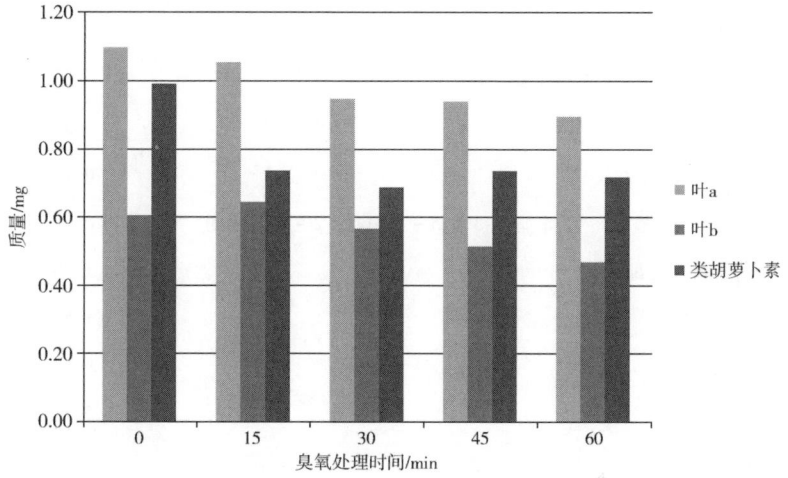

图 9 – 3　臭氧处理后烟叶中色素含量的变化

9.2.2 臭氧处理对烟叶中其他化学成分的影响

对臭氧处理过的烟叶做进一步分析,结果如表 9 – 1 所示。烟叶中化合物主要为醇、酮、酯、酸类化合物和新植二烯这个含量大、作用显著的化合物。臭氧处理前后,醇类和酯类在总量上均有提升,而尼古丁、新植二烯、C_{18} 酸的含量则有所减少,这有利于减少烟气中的不愉快成分。另外,在臭氧处理烟叶后,烟叶中增加了少量 3 – 羟基月桂酸、2 – 苯乙基己酸酯、2,6,11 – 三甲基十二烷、2 – 十八烷基乙醇四种化学成分。

表 9-1　　　　臭氧处理前后烟叶中化学成分的变化

序号	化合物名称	浓度/(μg/g) 对照组	浓度/(μg/g) 试验组
1	1-甲基-2-吡咯烷酮	10.75	35.51
2	2-环戊烯-1,4-二酮	0.02	0.23
3	3-羟基月桂酸	—	1.22
4	2-苯乙基己酸酯	—	0.78
5	2,6,11-三甲基十二烷	—	1.43
6	2-十八烷基乙醇	—	0.25
7	尼古丁	2.76	0.65
8	2,6,20,15-四甲基十七烷	0.05	2.17
9	芳樟醇	0.57	2.26
10	6-甲基正十八烷	0.10	0.49
11	4-(3-羟基-1-丁烯基)-3,5,5-三甲基-2-环己烯酮	0.74	1.22
12	柠檬酸三乙酯	1.26	3.56
13	α-香附酮	1.42	0.57
14	植物醇	34.95	53.62
15	茄酮	5.31	12.89
16	β-大马酮	3.12	4.73
17	十五烷酮	5.78	20.21
18	3-乙基-5-(2-乙丁基)-正十八烷	2.17	4.45
19	肉豆蔻酸甲酯	2.12	3.66
20	乙基异胆甾醇	1.09	1.45
21	3-乙基-5-(2-乙丁基)-十八烷	0.12	7.66
22	(4E,8E,13Z)-1,5,9-三甲基-12-(1-甲基乙基)-环十四碳-4,8,13-三烯-1,3-二醇	9.20	6.17
23	十八碳烯酰胺	22.42	0.32
24	1-甲基-5-(3-吡啶基)-2-吡咯烷酮	1.36	7.56
25	二氢猕猴桃内酯	1.12	2.86
26	巨豆三烯酮	2.02	1.75
27	9,12,15-十八碳三烯酸	2.30	1.32

续表

序号	化合物名称	浓度/(μg/g)	
		对照组	试验组
28	新植二烯	110.70	90.87
29	正十八烷酸甲酯	8.77	22.86
30	十八碳烯酰胺	1.29	22.60
31	亚麻酸甲酯	15.69	10.23
32	肉桂酸苄酯	8.90	9.87
33	三十六烷	30.02	33.02
34	棕榈酸	29.14	36.97

9.3 小　　结

本章从生物法和物理法两个方面研究烟叶中的类胡萝卜素的降解。从烟草土壤中分离到了一株能够有效降解 β-胡萝卜素的菌株，但经过气相色谱分析，其降解 β-胡萝卜素后并未将其转化生成新的香味物质，这可能是因该菌对 β-胡萝卜素的利用过于彻底，将其充分降解为了分子的 CO_2 和 H_2O。经初步鉴定，该菌株于丝孢酵母的匹配度较高。而用臭氧处理低次烟叶，会发现烟叶中的类胡萝卜素和叶绿素 a 含量随处理时间呈现先下降后趋平稳的趋势；进一步气相分析处理前后的烟叶化学成分，烟叶中化合物主要为醇、酮、酯、酸类化合物和新植二烯。烟叶在臭氧处理前后，醇类和酯类在总量上均有提升，而尼古丁、新植二烯、碳十八酸的含量则有所减少，这有利于减少烟气中的不愉快成分。

参考文献

[1] Tso T C. Physiology and Biochemistry of Tobacco Plants [M]. Dowden, Hutchinson & Ross, Stroudsburg, Pa. 1972.

[2] Tso T C. Production, Physiology and Biochemistry of Tobacco Plant [M]. Ideals. INc., Beltsville, Md. 1990.

[3] Harlan W R, Moseley J M. Tobacco [J]. Kirk-Othmer Encyclopedia of Chemical Technology, 1955, 14: 242-61.

[4] Narasimba M R, RAO Cd, Chakraborty M K. Phyto-chemicals from tobaccoWaste [J]. Tobacco Research, 1978, 4 (1): 52-58.

[5] Deepa B, CarolW, KevinV C, et al. Tobacco proteinseparation by aqueous two-phase extraction [J]. Journal of Chromatography A, 2003, 989: 119-129.

[6] Sridevi, Chakraborty M K. Extractable protein from tobacco and aspects of its nutritional quality [J]. Tobacco Research, 1985, 11 (1): 19-28.

[7] Kungsd, James As, Tso T C, et al. Tobacco as a potential food source and smoke material: nutritional evaluation of tobacco leaf protein [J]. Journal of Food Science, 1980, 45: 320-322.

[8] Marie F N, Degaulejac N V, Nicolas V, et al. Characterization of Carotenoids and degradation Products in OakWood. Incidence on the Flavour of Wood [J]. Comptes Rendus Chimie, 2004, 7: 689-698.

[9] Crouzet J, Kanasawud P. Formation of volatile compounds by thermaldegradation of carotenoids [J]. Methods in Enzymology, 1992, 213: 54-62.

[10] Winterhalter P, Rouseff R. Carotenoid-derived aroma compounds [M]. Washington D C: American Chemicalsociety, 2001: ACSsymposiumseries: 802.

[11] Zornh, Langhoffs, Scheibner M, et al. Cleavage of β,β-carotene to

flavor compounds by fungi [J]. Applied Microbiology and Biotechnology, 2003, 62: 331 - 336.

[12] Sanchez - contreras A, Jimenez M, Sanchezs. Bioconversion of Lutein to ProductsWith Aroma [J]. Applied Microbiology and Biotechnology, 2000, 54: 528 - 534.

[13] Wang Y F, Mao F F, Wei X L. Characterization and antioxidant activities of polysaccharides from leaves, flowers and seeds of green tea [J]. Carbohydrate Polymers, 2012, 88 (1): 146 - 153.

[14] Eduardo R B, Gabriela M R, Marco A O, et al. Bioconversion of lutein using a microbial mixture - maximizing the production of tobacco aroma compounds by manipulation of culture medium [J]. Appl Microbiol Biotechnol, 2005, 68: 174 - 182.

[15] Schepartz A I, Mottola A C, SchlotzhuerWs, et al. Effect of ozone treatment of tobacco on leaf lipids and smoke PAH: A pilot plant trail [J]. Tobacco science, 1995, 25: 120 - 122.

[16] Chang - Hai L U, Bai W D. Research progress of physiological function of plant essential oil [J]. China Condiment, 2012.

[17] Cassel E, Vargas R, Martinez N. Steam distillation modeling for essential oil extraction process [J]. Industrial Crops & Products, 2009, 29 (1): 171 - 176.

[18] Passos C P, Rui M S, Silva F A D, et al. Supercritical fluid extraction of grape seed (Vitis vinifera L.) oil. Effect of the operating conditions upon oil composition and antioxidant capacity [J]. Chemical Engineering Journal, 2010, 160 (2): 634 - 640.

[19] Determination of Essential Oil Components of Artemisia Haussknechtii Boiss. Using Simultaneous Hydrodistillation - static Headspace Liquid Phase Microextraction - gas Chromatography Mass Spectrometry [J] Journal of Chromatography, 2007, (1 - 2): 81 - 89.

[20] Miguel H, Mendiola J A, Alejandro C, et al. Supercritical fluid extraction: Recent advances and applications. [J]. Journal of Chromatography A, 2010, 1217 (16): 2495 - 511.

[21] Spigno G, Faveri D M D. Microwave – assisted extraction of tea phenols: A phenomenological study [J]. Journal of Food Engineering, 2009, 93 (2): 210 – 217.

[22] Lopezavila V, Young R, Beckert W F. Microwave – Assisted Extraction of Organic Compounds from Standard Reference Soils and Sediments [J]. Analytical Chemistry, 1994, 66 (7): 1097 – 1106.

[23] Miguel H, Mendiola J A, Alejandro C, et al. Supercritical fluid extraction: Recent advances and applications. [J]. Journal of Chromatography A, 2010, 1217 (16): 2495 – 511.

[24] Kiran E, Balkan H. High – pressure extraction and delignification of red spruce with binary and ternary mixtures of acetic acid, water, and supercritical carbon dioxide [J]. The Journal of Supercritical Fluids, 1994, 7 (2): 75 – 86.

[25] Mustapa A N, Manan Z A, Azizi C Y M, et al. Extraction of β – carotenes from palm oil mesocarp using sub – critical R134a [J]. Food Chemistry, 2011, 125 (1): 262 – 267.

[26] Fernández – Pérez V, Jiménez – Carmona M M, Castro M D L D. An approach to the static – dynamic subcritical water extraction of laurel essential oil: comparison with conventional techniques [J]. Analyst, 2000, 125 (3): 481 – 485.

[27] Knobloch K, Pauli A, Iberl B, et al. Antibacterial and antifungal properties of essential oil components. [J]. Journal of Essential Oil Research, 2011, 1 (3): 119 – 128.

[28] Ioannou E, Poiata A, Hancianu M, et al. Chemical composition and in vitro antimicrobial activity of the essential oils of flower heads and leaves of Santolina rosmarinifolia L. from Romania. [J]. Natural Product Research, 2007, 21 (21): 18 – 23.

[29] Onawunmi G O, Yisak W A, Ogunlana E O. Antibacterial constituents in the essential oil of Cymbopogon citratus (DC.) Stapf. [J]. Journal of Ethnopharmacology, 1984, 12 (3): 279 – 286.

[30] Kim J, Marshall M R, Wei C I. Antibacterial activity of some essential oil components against five food borne pathogens. [J]. Journal of Agricultural &

Food Chemistry, 1995, 43 (11): 1027-1037.

[31] Yanti, Rukayadi Y, Lee K H, et al. Activity of panduratin A isolated from Kaempferia pandurata Roxb. against multi - species oral biofilms in vitro. [J]. Journal of Oral Science, 2009, 51 (1): 87-95.

[32] Harumichi Sawada. Review: Functions of spices [J]. （日）香料, 1999, 203: 97-106.

[33] Mishra D N, Upadhyayn P S. Efficacy of some plantvolatiles for the control of black - mold of onion caused by Aspergillus nigervan Tiegh during storage [J]. Natl Acad SciLett (India), 1998, 11 (11): 345-347.

[34] Papachristos D P, Stamopoulos D C. Repellent, toxic and reproduction inhibitory effects of essential oil vapours on Acanthoscelides obtectus (Say) (Coleoptera: Bruchidae) [J]. Journal of Stored Products Research, 2002, volume 38 (01): 117-128 (12).

[35] Chanjirakul K, Wang S Y, Wang C Y, et al. Natural volatile treatments increase free - radical scavenging capacity of strawberries and blackberries [J]. Journal of the Science of Food & Agriculture, 2007, 87 (8): 1463-1472 (10).

[36] Liu W H, Yong G P, Li F, et al. Free and conjugated phytosterols in cured tobacco leaves: influence of genotype, growing region, and stalk position. [J]. J Agric Food Chem, 2008, 56 (1): 185-189.

[37] Vansuyt G, Souche G, Straczek A, et al. Flux of protons released by wild type and ferritin over - expressor tobacco plants: effect of phosphorus and iron nutrition [J]. Plant Physiology and Biochemistry, 2003, 41 (1): 27-33.

[38] Gladyshev V N, Jeang K T, Wootton J C, et al. A New Human Selenium - containing Protein [J]. Journal of Biological Chemistry, 1998, 273 (15): 89-105.

[39] Kleszyk P, Ratajczak P, Skowron P, et al. Carbons with narrow pore size distribution prepared by simultaneous carbonization and self - activation of tobacco stems and their application to supercapacitors [J]. Carbon, 2015, 81 (2015): 148-157.

[40] Primo D C, Fadigas F D S, Carvalho J C R, et al. Rational manage-

ment of tobacco (Nicotiana tabacum L.) crop residues to obtain organic compost Manejo racional de resíduos da cultura do fumo (Nicotiana tabacum L.) para obten o de composto organico [J]. Semina Ciências Agrárias, 2011, 32 (4).

[41] Liu B F, Zhong X H, Lu Y T. Analysis of plant hormones in tobacco flowers by micellar electrokinetic capillary chromatography coupled with on – line large volume sample stacking. [J]. Journal of Chromatography A, 2002, 945 (1 – 2): 257 – 265.

[42] Sharma O P, Bhat T K. DPPH antioxidant assay revisited [J]. Food Chemistry, 2009, 113 (4): 1202 – 1205.

[43] Paliwal R, Rawat A P, Rawat M, et al. Bioligninolysis: recent updates for biotechnological solution [J]. Appl Biotechnol, 2012, 167 (7): 1865 – 1889.

[44] Vera J, Castro J, Gonzalez A, et al. Seaweed polyscacharides and derived oligosaccharides stimulate defense responses and protection against pathogens in plants [J]. Mar Drugs, 2011, 9 (12): 2514 – 2525.

[45] Vansuyt G, Souche G, Straczek A, et al. Flux of protons released by wild type and ferritin over – expressor tobacco plants: effect of phosphorus and iron nutrition [J]. Plant Physiology and Biochemistry, 2003, 41 (1): 27 – 33.

[46] Xu H, Montoya F U, Wang Z, et al. Combined use of regulatory elements within the cDNA to increase the production of a soluble mouse single – chain antibody, scFv, from tobacco cell suspension cultures [J]. Protein expression and purification, 2002, 24 (3): 384 – 394.

[47] Stanfill S B, Calafat A M, Brown C R, et al. Concentrations of nine alkenylbenzenes, coumarin, piperonal and pulegone in Indian bidi cigarette tobacco [J]. Food and Chemical Toxicology, 2003, 41 (2): 303 – 317.

[48] Szetao K. W. C., Sathe S. K., J. Sci. Food Agric., 000, 80 (9): 1393 – 1401

[49] Butterfield D, A., Castenga A., Pocernich C. B., Drake J. Scapagnini G., Calabrese V., J.. Nutr. Biochem., 2002, 13: 444 – 461

[50] Chen C, Chi Y, Zhao M, Lv L, Amino Acids, 2012, 43: 457 – 466

[51] Rajamani K, Manivasagam T, Anantharaman P, Balasubramanian T,

Somasundaram S. T, J. Appl. Phycol., 2011, 23: 257-263

[52] 卷烟工艺组. 卷烟工艺[M]. 北京: 北京出版社, 1993: 3-6.

[53] 吴晓巍, 邱国栋. 入世后中国烟草业的问题与对策[J]. 经济研究参考, 2002, (64): 26-29.

[54] 饶国华, 赵谋明, 林伟锋, 等. 中国低次烟叶资源综合利用研究[J]. 资源科学, 2005, 27 (5): 120-127.

[55] 邱承宇, 李晓, 马波, 祝杰, 等. 低次烟叶叶片上不同部位的使用价值研究初报[J]. 中国烟草科学, 2002, 4: 17-18.

[56] 宋桂经. 微生物复合酶处理低次烟叶的方法: 中国, 1030862A[P]. 1989-02-08.

[57] 李良生. 中国加入WTO云南烟草产业面临的挑战与机遇[J]. 学术探索, 2000, 2: 50-53.

[58] 郑奎玲, 余丹梅. 废弃烟叶的综合利用现状[J]. 重庆大学学报, 2004, 27 (3): 61-64.

[59] 王静, 王安亭. 废次烟叶的综合利用研究[J]. 洛阳大学学报, 2007, 22 (4): 51-55.

[60] 饶国华, 赵谋明, 林伟锋, 等. 低次烟叶蛋白质提取工艺研究[J]. 西北农林科技大学学报: 自然科学版, 2005, 33 (11): 67-72.

[61] 饶国华. 利用低次烟叶蛋白制备生物活性肽及烟用香精的研究[D]. 广州: 华南理工大学, 2006.

[62] 马永亮, 孙强. "双马"牌低焦油混合型卷烟产品设计[J]. 烟草科技, 2001, (3): 3-6.

[63] 陈炳志, 赵瑾, 王超杰, 等. 辅酶Q10的应用概况与合成进展[J]. 化学研究, 1999, 10 (1): 29-33.

[64] 李晓, 刘凤珠. 酶解法改善烟叶吸味品质的试验[J]. 烟草科技, 2002, 3: 14-17.

[65] 杨虹琦, 周冀衡, 罗泽民, 等. 微生物和酶在烟叶发酵中的应用[J]. 湖南农业科学, 2003, (6): 63-66.

[66] 姚光明. 降低烟叶中蛋白质含量的研究[J]. 烟草科技, 2000, 148 (9): 6-8.

[67] 马林. 利用生物技术改变烟草化学组分提高其吸食品质和安全性的

研究 [J]. 郑州工程学院学报, 2001, 22 (3): 40-42.

[68] 周瑾, 李雪梅, 许传坤, 等. 利用高蛋白酶活性微生物水解烟叶蛋白及其产物的 Maillard 反应研究 [J]. 烟草科学研究, 2002, (1): 43-47.

[69] 阎克玉, 刘凤珠. 酶降解烟叶中细胞壁物质 [J]. 生物技术, 2001, 11 (4): 19-22.

[70] 邓国宾, 李雪梅, 李成斌, 等. 降果胶菌改善烟叶品质研究 [J]. 烟草科技, 2003, 196: 17-18, 20.

[71] 姚光明, 阎克玉, 李晓, 等. 烤烟中残留淀粉的酶降解研究 [J]. 郑州轻工业学院学报: 自然科学版, 2000, 15 (3): 25-27.

[72] 李晓, 刘凤珠, 姜凌, 等. 淀粉类酶在烟叶中降解条件的研究 [J]. 生物技术, 2001, 11 (2): 44-46.

[73] 王怀珠, 杨焕文, 郭红英. 烘烤过程中外加淀粉类酶对烤烟淀粉降解的影响 [J]. 生物技术, 2004, 14 (5): 67-69.

[74] 王怀珠, 杨焕文, 郭红英, 等. 淀粉类酶降解鲜烟叶中淀粉的研究 [J]. 中国烟草科学, 2005, (2): 37-39.

[75] 牛燕丽, 张鹏, 宋朝鹏. 酶法降解河南烤烟烟叶 B2F、C3F 和 X2L 淀粉的初步试验 [J]. 烟草科技, 2005, (3): 26-28, 32.

[76] 刘谋盛, 王平艳, 刘维涓, 等. 固定化酶降解烟叶中淀粉的研究 [J]. 化学与生物工程, 2007, 24 (5): 42-44.

[77] Rossis, Altieri P, Barca L. 烟尘废料中烟碱的生物降解-嗜烟碱微生物法 [J]. 世界烟草动态, 1995, 1: 27.

[78] 马林, 武怡, 曾晓鹰. 降解烟碱微生物的筛选及其酶在烟草中的应用 [J]. 烟草科技, 2005, 218 (9): 6-8, 19.

[79] 陈洪, 许平, 马清仪, 等. 微生物酶法降解烟草总植物碱试验 [J]. 烟草科技, 2004, (4): 12-16.

[80] 尹国华. 利用细菌处理烟叶诱香增质的研究 [D]. 山东农业大学硕士学位论文, 2004.

[81] 史宏志, 刘国顺. 烟草香味学 [M]. 中国农业出版社, 1998.

[82] 任军林, 李小斌, 杜红梅. 加酶烟叶挥发性致香物质与感官质量变化的研究 [C]. 中国烟草学会工业专业委员会烟草化学学术研讨会论文集. 海南: 中国烟草学会, 2005: 307-310.

[83] 赵铭钦,刘国顺,于建春,等. 香料烟浸膏提取工艺及其应用效果研究 [J]. 河南农业大学学报,1998,32:45-49.

[84] 王娜,李丹,程书峰,等. 产香酵母菌处理烟叶碎片制备特色烟草浸膏的工艺研究 [J]. 香料香精化妆品,2010,2:4-10.

[85] 庞登红,李丹,熊国玺,等. 酶法处理烟叶碎片制备烟草浸膏 [J]. 江南大学学报:自然科学版,2009,8(5):607-612.

[86] 韦杰,冀志霞,陈守文. 复合酶处理废次烟末制备烟草浸膏 [J]. 2012,28(2):176-181.

[87] 赵祥杰,杨荣玲,邝哲师,等. 植物来源多糖的研究进展 [J]. 安徽农业科学,2012,40(35):17016-17018.

[88] 李仙,董伟,段继铭,等. 羊肚菌发酵烟草多糖及其在卷烟中的初步应用 [J]. 中国烟草科学,2011,32(3):36-40.

[89] 杜林洳,徐翠莲,樊素芳,等. 微波辅助提取废次烟叶水溶性糖工艺 [J]. 科技导报,2010,28(13):92-96.

[90] 李福枝,刘飞,曾晓希,等. 天然类胡萝卜素的研究进展 [J]. 食品工业科技,2007,28(9):227-231.

[91] 刘维涓. β-胡萝卜素降解反应研究进展 [J]. 林产化学与工业,2008,28(3):122-126.

[92] 朱海霞,郑建仙. 叶黄素(Lutein)的结构、分布、物化性质及生理功能 [J]. 中国食品添加剂,2005,5:48-55.

[93] 李爱军,代惠娟,娄本,等. 烟草类胡萝卜素研究进展 [J]. 安徽农业科学,2008,36(6):2364-2366.

[94] 张永涛,刘惠芳,张东豫,等. β-胡萝卜素的热裂解研究 [J]. 中国烟草学会工业专业委员会烟草化学学术研讨会论文集,2005,11(30):335-339.

[95] 张成敏,缪明明,胡群. 从提取的天然类胡萝卜素制备烟用香料的方法:中国,1242417A [P]. 2000-01-26.

[96] 刘金霞,李元实,姬小明,等. 叶黄素氧化降解产物 GC/MS 分析及在卷烟加香中的应用 [J]. 郑州轻工业学院学报:自然科学版,2011,26(2):24-27.

[97] 古昆,陈静波,刘玫,等. 叶黄素的几类降解反应研究 [J]. 化学

研究与应用, 1999, 11 (5): 543-544.

[98] 尹建雄, 卢红, 谢强, 等. 3,5-二硝基水杨酸比色法快速测定烟草水溶性总糖、还原糖及淀粉的探讨 [J]. 云南农业大学学报, 2007, 22 (6): 829-833.

[99] 汪长国, 戴亚, 方力, 等. 烟草中蛋白质测定方法的改进 [J]. 烟草科技, 2004, 1: 19-20, 35.

[100] 王立, 汪正范, 牟世芬, 等. 色谱分析样品处理 [M]. 北京: 化学工业出版社, 2000: 200-201.

[101] 张小玲. 果胶的咔唑硫酸分光光度测定法研究 [J]. 甘肃农业大学学报, 1999, 34 (1): 75-78.

[102] 王瑞新. 烟草化学 [M]. 北京: 中国农业出版社, 2003: 274-275.

[103] 中华人民共和国行业标准, GB/T 16447-1996, 烟草和烟草制品调节和测试的大气环境.

[104] 余金恒, 许明忠, 黄锋林, 等. 烟用香精香料物质研究进展 [J]. 河南农业科学, 2011, 40 (2): 16-18.

[105] 尹建雄, 卢红, 谢强, 等. 3,5-二硝基水杨酸比色法快速测定烟草水溶性总糖、还原糖及淀粉的探讨 [J]. 云南农业大学学报, 2007, 22 (6): 829-833.

[106] 马林. 利用生物技术改变烟叶化学组分提高其吸食品质和安全性的研究 [J]. 郑州工程学院学报: 自然科学版, 2001, 22 (3): 40-42.

[107] 李小斌, 吕志峰, 王科杰, 等. 加酶技术提高烟叶感官质量的研究 [J]. 中国烟草科学, 2007, 28 (6): 9-12.

[108] 庞登虹, 李丹, 熊国玺, 等. 酶法处理烟叶碎片制备烟草浸膏 [J]. 江南大学学报: 自然科学版, 2009, 8 (5): 607-612.

[109] 唐胜, 沈光林, 饶国华, 等. 利用烟末酶解液制备烟用美拉德反应香精的研究 [J]. 食品工业科技, 2011, 32 (4): 268-271.

[110] 朱松, 娄在祥, 陈尚卫, 等. 超声辅助酶法提取废次烟叶中绿原酸烟碱工艺研究 [J]. 食品工业科技, 2012, 33 (5): 181-184.

[111] 石展望, 陈韵. 从废次烟草中提取茄尼醇的工艺研究 [J]. 安徽农业科学, 2012, 40 (18): 9894-9896.

[112] 马寅斐,何东平,周元炘,等. 超声波辅助提取金针菇多糖的工艺研究 [J]. 农业机械,2012,12:105-109.

[113] 崔福顺,杨咏洁,郭志军,等. 五味子粗多糖超声波辅助提取及脱蛋白工艺的研究 [J]. 食品科技,2009,34 (11):240-242.

[114] 陈淑华,张淑平,杜秀秀,等. 褐藻糖胶脱蛋白及脱色方法研究 [J]. 湖南农业科学,2011,7:92-94,95.

[115] 张潇艳,陈正行,王莉. 米糠多糖的脱蛋白研究 [J]. 食品工业科技,2008,29 (3):163-165.

[116] 盖钧镒. 试验统计方法 [M]. 北京:中国农业出版社,2000.

[117] 王志高,鄢贵龙,武华宜,等. 超声—微波协同萃取枇杷叶多糖的工艺研究 [J]. 食品工业科技,2008,29 (8):207-209.

[118] 王应男,张公亮,刘洋,等. 榆耳菌丝体多糖的体外抗氧化活性研究 [J]. 食品工业科技,2012,12:194-196,213.

[119] 勾明玥,刘梁,张春枝. 采用 DPPH 法测定 26 种植物的抗氧化活性 [J]. 食品与发酵工业,2010,26 (3):148-150.

[120] 康学军,曲见松. 白芷多糖中单糖组成的气相色谱分析 [J]. 药物分析杂志,2006,26 (7):891-894.

[121] 庄世宏. 花椒精油提取及其生物活性测定研究 [D]. 西北农林科技大学,2002.

[122] 毛婷,董静,龚丽,等. 响应曲面法优化微波辅助萃取橙皮精油的工艺研究 [J]. 现代食品科技,2011,27 (1):84-86.

[123] 郭丽,朱林,杜先锋. 微胶囊双水相提取柑橘精油的工艺优化 [J]. 农业工程学报,2007,23 (1):229-233.

[124] 刘晓庚,鞠兴荣,茆旭东,等. 酶法提取松针精油的实验室研究 [J]. 林产化学与工业,2005,25 (3):111-114.

[125] 余尚工,周湘,方念伯,等. 金银花、野菊花、桑叶的超高压提取法及其提取液的应用:CN,CN 101444331 B [P]. 2011.

[126] 张兆旺,孙秀梅. 水蒸气蒸馏提取挥发油类物质的原理 [J]. 山东中医药大学学报,1998 (1):67-68.

[127] 赵华,张金生,李丽华. 植物精油提取技术的研究进展 [J]. 辽宁石油化工大学学报,2006,26 (4):137-140.

[128] 李双,王成忠,唐晓璇,等. 植物精油提取技术的研究进展及应用现状 [J]. 江苏调味副食品, 2014 (4): 7-9.

[129] 赵志峰,雷鸣,雷绍荣,等. 不同溶剂提取花椒精油的试验研究 [J]. 中国食品添加剂, 2004 (4): 18-21.

[130] 于大胜,崔秀伟,张福鑫,等. 生姜风味物质不同提取方法对比分析 [J]. 安徽农业科学, 2008, 36 (21): 8878-8880.

[131] 何小稳,蒋懿,蒋晔. 离子液体在微萃取方面的应用进展 [J]. 分析测试学报, 2009, 28 (12): 1471-1476.

[132] 王兆熊. 超临界流体萃取 [J]. 化学通报, 1982 (5).

[133] 马尧,庄云,张瑶. 超临界CO_2萃取紫苏油的工艺优化研究 [J]. 安徽农业科学, 2008, 36: 14577.

[134] 林梦南,苏平,应丽亚,等. 紫苏精油微波萃取工艺的响应面优化及其化学成分研究 [J]. 浙江大学学报:农业与生命科学版, 2011, 37 (6): 677-683.

[135] 潘文亮,任志强,刘波,等. 无溶剂微波萃取没药精油及其在卷烟加香中的应用 [J]. 烟草科技, 2014 (4).

[136] 刘品华. 微胶囊双水相提取精油的工艺研究 [J]. 曲靖师范学院学报, 2000 (6): 40-42.

[137] 王娣,钱时权,曹珂珂,等. 微胶囊双水相体系萃取地椒精油 [J]. 食品与发酵工业, 2012, 38: 219-223.

[138] 秦蓝,许时婴,王璋. 采用酶法液化技术制备高品质的南瓜汁 [J]. 食品与发酵工业, 2004, 29 (3): 48-53.

[139] 卓浩廉,罗福明,伍锦鸣,等. 响应面法优化生物酶法提取烟叶精油工艺条件的研究 [J]. 北京农业, 2015 (2).

[140] 李杰,王再花,章金辉,等. 墨兰品种'企黑'的花朵精油成分分析 [J]. 热带作物学报, 2016 (1).

[141] 延玺,刘会青,邹永青,等. 黄酮类化合物生理活性及合成研究进展 [J]. 有机化学, 2008, 28 (9): 1534-1544.

[142] 陆占国,郭红转,封丹. 芫荽茎叶精油成分及清除DPPH自由基能力研究 [J]. 食品与发酵工业, 2006, 32: 24-27.

[143] 吴雪辉,黄永芳,高强,等. 肉桂精油的抗氧化作用研究 [J].

食品科技，2007，32：85-88.

[144] 陈计峦，宋丽军，张云，等. 薰衣草精油抗氧化成分提取及其对 DPPH·清除率的研究 [J]. 食品与发酵工业，2009，35：173-176.

[145] 王锐，穆青. 精油——抗细菌耐药性的新视野 [J]. 国外医药：抗生素分册，2015，36（3）：103-107.

[146] 陈海敏，胡秀芳，竺锡武，等. 植物复方精油熏蒸杀菌效果研究 [J]. 中国消毒学杂志，2006，23（2）：136-137.

[147] 吴翠萍，吴国欣，陈密玉，等. 石荠苎精油的 GC-MS 分析及其抑菌活性的研究 [J]. 植物资源与环境学报，2006，15：26-30.

[148] 邓永学，王进军，鞠云美，等. 九种植物精油对玉米象成虫的熏蒸作用比较 [J]. 农药学学报，2004，6（3）：85-88.

[149] 侯华民，冯俊涛，陈安良，等. 植物精油对几种害虫的毒杀活性 [J]. 天然产物研究与开发，2002，14（6）：27-30.

[150] 张娜，武孔云. 米槁精油对半夏镰刀菌的抑制作用研究 [J]. 亚太传统医药，2015，11（1）：15-16.

[151] 吕洪飞. 药用芳香植物资源的开发与研究. 中草药，2000，31（9）：711-715.

[152] 杨欣. 柠檬草精油的抗氧化及分子微胶囊化研究 [D]. 天津商业大学，2010.

[153] 王丹，谢小丽，胡璇，等. 天然香料在化妆品中的应用现状 [J]. 现代生物医学进展，2013，13：6189-6193.

[154] 李铠. 天然香料工业的发展现状及展望 [J]. 香料香精化妆品，1994：20-27.

[155] 李亚茹，周林燕，李淑荣，等. 植物精油对果蔬中微生物的抑菌效果及作用机理研究进展 [J]. 食品科学，2014，35.

[156] 周晓薇，王静，顾镍，等. 植物精油对果蔬防腐保鲜作用研究进展 [J]. 食品科学，2010，31：427-430.

[157] 李鹏霞. 两种植物精油对采后水果的保鲜作用研究 [D]. 西北农林科技大学，2006.

[158] 杨红. 丁香精油对冬枣防病保鲜效应与机理研究 [D]. 西北农林科技大学，2006.

[159] 王敏. 废次烟草中有效成分的综合利用 [J]. 中国资源综合利用, 2003: 16.

[160] 徐永建, 赵睿, 谭海风. 烟草废次物综合利用研究进展 [J]. 陕西科技大学学报: 自然科学版, 2012, 30: 16 – 21.

[161] 张楠, 刘东阳, 杨兴明, 等. 分解纤维素的高温真菌筛选及其对烟杆的降解效果 [J]. 环境科学学报, 2010, 30: 549 – 555.

[162] 王建安, 翟新, 徐发华, 等. 浅谈烤烟基本烟田废弃物的综合利用 [J]. 中国农学通报, 2012, 28: 138 – 142.

[163] 郑奎玲, 余丹梅. 废弃烟叶的综合利用现状 [J]. 重庆大学学报: 自然科学版, 2004, 27: 61 – 64.

[164] 彭靖里, 马敏象, 吴绍情, 等. 论烟草废弃物的综合利用技术及其发展前景 [J]. 中国资源综合利用, 2001: 18 – 20.

[165] 王星敏, 徐龙君, 殷钟意, 等. 微生物酶促高效提制废次烟草中烟碱的研究 [J]. 环境工程学报, 2010 (12): 2875 – 2878.

[166] 张朋, 杨玉良, 耿哲, 等. 烟叶中烟碱的微波提取 [J]. 山西大同大学学报: 自然科学版, 2015 (4): 41 – 43.

[167] 黄飞, 屈飞强, 任晓琼. 高效液相色谱法微波辅助提取废次烟叶中烟碱的工艺研究 [J]. 重庆工商大学学报: 自然科学版, 2015, 32 (6): 51 – 55.

[168] 赵映瑜, 龙佳朋, 刘冬蕾, 等. 烟叶中茄尼醇的溶剂萃取工艺研究 [J]. 应用化工, 2016 (1).

[169] 张露月, 王星敏, 殷钟意, 等. 白腐真菌协同超声酵解浸提废次烟叶中茄尼醇 [J]. 南方农业学报, 2015, 46 (8): 1474 – 1479.

[170] 张渝文, 张桂芝, 等. 酶解破壁促进废次烟叶中茄尼醇溶浸 [J]. 生物工程学报, 2013, 29 (11).

[171] 赵谋明, 饶国华, 林伟锋. 烟草蛋白质研究进展 [J]. 烟草科技, 2005 (4): 31 – 34.

[172] 杨丹, 任谓明, 王艳红, 等. 复合多糖药理活性研究进展 [J]. 上海中医药杂志, 2016 (3).

[173] 穆琳, 赵晓玥, 高岳, 等. 刺参多糖的提取纯化及其组分的分析 [J]. 食品安全质量检测学报, 2016 (1).

[174] 杨琛琛. 不同类型烟叶多糖的提取、结构及其性质研究 [D]. 郑州轻工业学院, 2014.

[175] 周熠, 冯波, 林元山, 等. 烟杆鸡粪堆肥发酵生物菌肥工艺研究 [J]. 现代农业科技, 2014 (18): 208-209.

[176] 熊德忠, 李放, 李素兰, 等. 烟杆堆肥的方法及产品: CN, CN101070255 [P]. 2007.

[177] 吴苏喜. 废弃烟叶作为天然药食资源开发利用的价值分析 [J]. 天然产物研究与开发, 2007 (B08): 378-381.

[178] 谢丽萍. 利用烟草下脚料发酵制取乙醇 [D]. 东华大学, 2010.

[179] 李凤芹, 郝文辉, 孙志忠, 等. 废烟叶制取草酸的研究 [J]. 黑龙江大学自然科学学报, 1996 (4): 107-108.

[180] 李殿殿, 李志能, 林娟. 利用废弃烟叶栽培糙皮侧耳初探 [J]. 食用菌学报, 2011, 18 (4): 9-11.

[181] 林中麟, 石健林, 周益. 烟草打顶研究进展 [J]. 江西农业学报, 2009, 21: 32-36.

[182] 徐豹. 美国对植物蛋白利用和研究 [J]. 食品工业科技, 2000, 7: 37-39.

[183] 王苏闽, 姚妙爱. 植物蛋白质及其营养价值 [J]. 西部粮油科技, 2001, 26 (4): 23-26.

[184] 陆恒. 菜籽蛋白质的营养优势及食用趋势研究 [J]. 现代商贸工业, 2004, 7: 42-45.

[185] 刘慧, 刘鹏举, 张少斌, 等. 螺旋藻藻胆蛋白研究与应用 [J]. 安徽农业科学, 2006, 34 (21): 5463-5464.

[186] 张祖刚, 张建富. 植物蛋白质作为鱼糜制品副原料的技术探讨 [J]. 水产科学, 1990, 1: 011.

[187] 郭培国, 李荣华, 陈建军. 烟叶中 FI 蛋白的简捷提取技术及其氨基酸成分分析 [J]. 中国烟草学报, 2000, 6 (2): 16-19.

[188] 李恩民, 刘维全, 殷震. 抗菌肽的特性及其应用前景 [J]. 中国药理学通报, 1998, 14 (3): 209-211.

[189] 程云辉, 文新华. 生物活性肽制备的研究进展 [J]. 食品与机械, 2001, 84 (4): 4-7.

[190] 胡云龙,赵学忠,屈贤铭. 抗菌肽的分子生物学研究进展 [J]. 生物工程进展,1997,17(3):14-18.

[191] 于健,邱芳萍,张玲. 抗菌肽及其应用前景 [J]. 长春工业大学学报:自然科学版,2004,25(1):65-68.